図解 眠れなくなるほど面白い

元素の話

東京農工大学教授
野村義宏 監修
澄田夢久 著

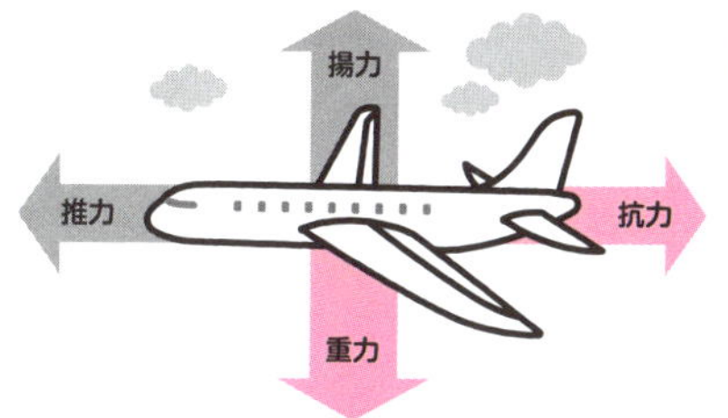

日本文芸社

はじめに

「元素」と聞いてもあまり馴染みがないかもしれません。ふつう、中学校2年の理科で覚えておくべき基礎的な元素記号として15～20種類ほどの元素を習うようです。でも、たいてい覚えるのが嫌になるでしょう。単純に丸暗記するしかないので親近感が持ちにくいのです。アルファベットで表わされる記号に対して実体がイメージできないせいかもしれません。たとえば、金、銀、プラチナは想像できても、元素記号のAu、Ag、Ptでは物質として感じ取れない。だから、子どもたちに元素について興味を持たせるには、教え方に工夫が必要かもしれません。

元素の考え方を概観すると、紀元前6世紀、ギリシャの哲学者タレスによって、「万物の根源は水である。すべてのものは水からでき、また水に戻る」として、万物一元論が生まれました。自然界に存在するすべてのものは、形が千差万別であるが、ただ1つの根源物質からできており、不滅であり、形を変えて自然の事象として現れるというわけです。また、仏典の四大(しだい)では、すべての物体は「地・水・火・風」から成り立っているとし、タレス以後のギリシャ哲学では四元素を「火・水・空気・土」と唱えました。ですが、これらはあまりにも素朴な「元素論」です。

元素の概念に化学的根拠が与えられたのは17世紀になってからです。ボイルの『懐疑的な科学者』の中の「すべての複合物は、分解していくと、分解できない原始的で単純な物に到達する。これが元素である」という記述が起因となりました。その後、多くの化学・物理学者が元素の研究を行った結果、19世紀末にベクレルによる放射能の発見やキュリー夫妻のラジウム発見によって元素の崩壊が実証されます。そうすると、分解できない原始的で単純な物質の定義が怪しくなってきます。そこで現在では「ある特定の原子番号によって代表される物質種を元素という」というものになっています。
新たな元素発見の長い旅路の中で、日本人が発見した「ニホニウム（Nh）」はすごいですね。2016年11月に113番目の新元素としてIUPAC（国際純正・応用化学連合）に正式認定された、ヨーロッパとアメリカ以外の国で命名された初めての元素です。ニホニウムは、原子番号30の亜鉛を光速の10％まで加速してビームとし、原子番号83のビスマスに衝突させて新元素の合成に成功したものです。
話は変わりますが、本書の出版時期に、映画『オッペンハイマー』が上映されているのも因縁を感じます。原子の崩壊（核分裂）によるエネルギーの発生を兵器に利用したもので、多くの物理学者からその波及による地球の崩壊の予測も示されていました。
ところで、「化学」を化学で説明すると専門用語が頻出してむずかしくなります。そのために今回は、案内役として化学に素人の「にゃん太」と「わん爺」に登場してもらい、解説は「元素ナビ」が受け持つ編集となりました。読みやすさとわかりやすさを考えたものです。小説家で劇作家の井上ひさしさんは、「むずかしいことをやさしく、やさしいことをふかく、ふかいことをおもしろく、おもしろいことをまじめに、まじめなことをゆかいに、そしてゆかいなことはあくまでゆかいに」（劇団「こまつ座」機関誌『the座』1989年9月掲載）と認めました。本書は到底その域には達していませんが、読まれた方が少しでもわかりやすく感じ取られたならば幸いです。

2023年8月

野村義宏

眠れなくなるほど面白い
図解 元素の話 もくじ

Rh Mg Sn

PART2
にゃん太、「元素」118種類を知る

Se

Mn
Cl

Si

第7周期

元素ナビ

118種類の元素仲間になれずマネージャーに。理論上元素は172番まで存在するというので、元素への昇格を期して奮闘中！

わん爺

ワンリッチ大学を首席卒業し、イヌの可能性に対して研究する。いろんな動物たちの相談にも積極的に応じる心やさしき老善犬。

にゃん太

ミックス猫。人間なら小学校4年生。なんにでも興味を持ち、「なぜ？ どうして？」と聞いて困らせる。

参考文献

『イラスト&図解　知識ゼロでも楽しく読める！　元素のしくみ』栗山恭直監修・西東社／『ニュートン式超図解　最強に面白い!!　周期表』桜井弘監修・ニュートンプレス／『マンガと図鑑でおもしろい！　わかる元素』左巻健男監修&うえたに夫婦著・大和書房／『元素周期表で世界はすべて読み解ける』吉田たかよし著・光文社新書／『Wonderful Life With The ELEMENTS 元素生活』寄藤文平著・化学同人／『あらゆる物質の「基本要素」がよくわかる！　学研の図鑑　美しい元素』大嶋建一監修・Gakken／『眠れなくなるほど面白い　図解プレミアム すごい物理の話』望月修著・日本文芸社／『眠れなくなるほど面白い　図解プレミアム　化学の話』野村義宏監修・著&澄田夢久著・日本文芸社／その他、各種インターネット資料

※本書内の写真や図に出典明記のないものはpublic domainです。

PART1

にゃん太、「元素」に出合う

01 地球の表面はどんな元素でできているのかな？

にゃん太は首をひねりました。わん爺に「すべての物質は元素でできている」といわれたからです。にゃん太にはそれがよくわかりません。

じゃあ、地球も元素だらけなのかな？

そう、地球も元素でいっぱいだ。地球の表面はにゃん太も知っているように水と大気でおおわれている。また、**地球本体を固体地球というが、地殻・マントル（上部マントル・下部マントル）・核（外核・内核）という三層になっている**というぞ。詳しいことは元素ナビに聞いてみよう。

地球表面の3分の2は海。海水以外の湖沼や河川、氷雪なども含めて**水圏**といいます。**水は水素元素と酸素元素が合わさったもので、水素はH、酸素はOが元素記号**です。その**水素2つと酸素1つが合体するとH_2Oとなって水ができます。海水はその水に塩化ナトリウムNaCl（塩素Clとナトリウム Na）と塩化マグネシウム$MgCl_2$（マグネシウムMgに塩素2つ）などが溶け込んだ液体**です。海水の成分は水が約97％、塩化ナトリウムや塩化マグネシウムなどの塩分が約3％**（図1参照）**。残りの3分の1は地殻です。

一方、大気は**気圏**や**大気圏**といって、地表から**対流圏・成層圏・中間圏・熱圏に分かれる4層構造（図2参照）**です。大気のおもな成分は、**窒素Nが約78％、酸素Oが約20％、ほかにアルゴンArが0.93％、二酸化炭素CO_2（炭素C）が0.03％、水蒸気その他が約1％で構成**されています。

元素だらけだ！　元素なんてこれまでちっとも興味がなかったけど、元素ナビの話で物質の正体みたいなものがわかってきて面白いね。でも、どうして水素はHとか、酸素はOっていうの？

うむ、それはCOLUMN①を見ればわかるぞ。

地球表面はどんな物質でできてるの？

図1 海水はどんな成分なのか

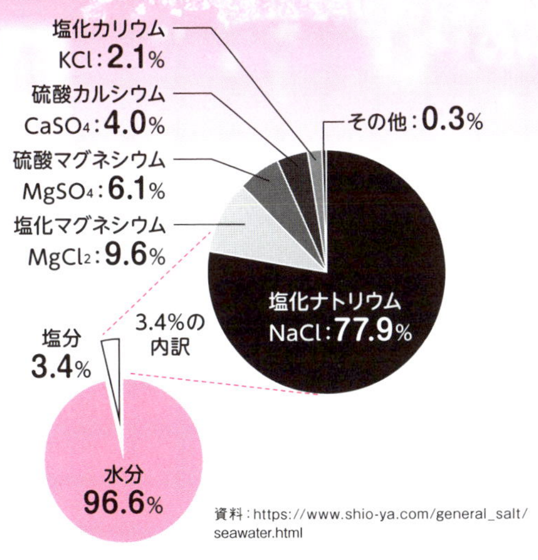

資料:https://www.shio-ya.com/general_salt/seawater.html

ねぇわん爺。
元素ってなんなの?

元素は物質をつくるおおもとの成分で、それ以上細かくできない原子の種類のことだな。各元素の性質はPART2で紹介するぞ。

図2 4層構造の大気圏(気圏)

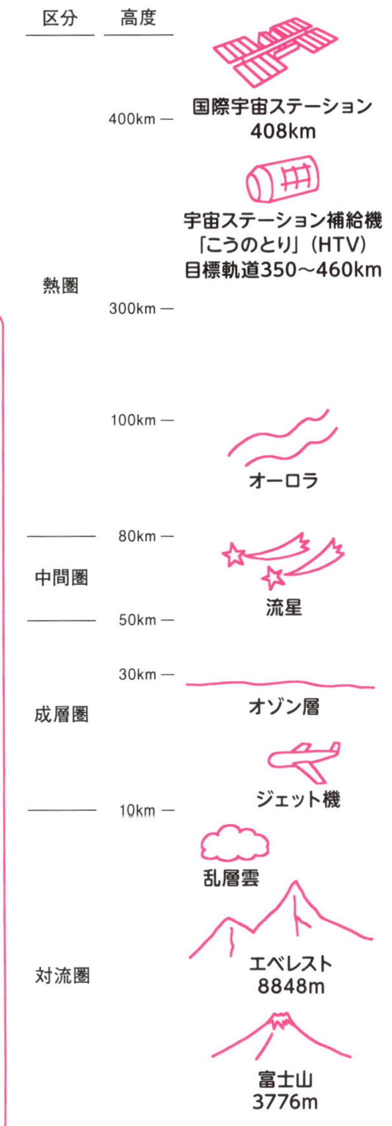

水が水素と酸素の化合物と証明したのは誰?

水が水素と酸素の化合物であることを確認したのは、フランスの化学者アントワーヌ・ラボアジェ(1743〜94年)。ラボアジェは赤熱した鉄管に水を流すと水素が発生することを明らかにし、酸素との結合で水になることを知った。

しかし、水を電気分解し、水が水素と酸素からなっていることを証明したのはイギリスの化学者・著述家ウィリアム・ニコルソン(1753〜1815年)である。1800年、ニコルソンはイギリスの解剖学者アンソニー・カーライル(1768〜1840年)とともに水にボルタ電池(イタリアの物理学者アレッサンドロ・ボルタ伯爵が1800年に発明)で電気を通したところ、電気のプラス側に酸素、マイナス側に水素が発生することを突き止めた。しかも、その割合は酸素1に対して水素2であることも明らかにした。つまりH_2Oである。

また、その後の実験で水素ガス2と酸素ガス1を混合して爆発させると水が生じることも確認した。水は水素ガスと酸素ガスという、性質の異なるものの反応によって新たな物質となったが、こうした物質を「化合物」と呼ぶ。

02 地球の内部はどんな元素でできているのかな？

じゃあ、地球の内部ってどうなってるの？

これはさっきいったように大きく分けて地殻・マントル・核の三層になっておる。地殻とは地球の表面のことだの。**図1**を見ればわかるぞ。

地殻の表層部（平均30㎞）は花崗岩、深くなると玄武岩などのケイ酸塩鉱物が集まってできています。**元素は酸素O（49・5%）とケイ素Si（25・8%）がおもな成分で、ほかはアルミニウムAl（7・56%）、鉄Fe（4・70%）、カルシウムCa（3・39%）、ナトリウムNa（2・63%）、カリウムK（2・40%）、マグネシウムMg（1・93%）などです。**地球全体の重量比では鉄が酸素より多くなります**（図2・図3参照）**。

マントルは上部マントルと下部マントルに別れています。**上部マントルは地殻の下から660㎞ぐらいまでの幅です。物質はケイ酸塩鉱物の一種で酸素とケイ素に鉄とマグネシウムが主要な成分のかんらん岩。**かんらん岩を構成するおもな鉱物はかんらん石（玄武岩に多く含有）。こうした鉱物はマントルによる圧力や高温でいろいろな結晶を形成する高圧型鉱物（宝石）へと変化します。

深さ660㎞から2900㎞までが下部マントル。含まれている物質は上部マントルとほぼ同じですが、下部マントルではケイ素の量が多いといいます。また、上部と下部は別々に対流する「2層対流」だそうです。核も、外核と内核の2層でほとんどが鉄。ほかはニッケルや硫黄など。内核は固体ですが、外核は液体です。

うむ、内核を液状の外核が包んでいるというぞ。だが、内核は約400万気圧、8000度にもなろうかという超高温らしい。だから、密度を

地球って
「水の惑星」？
「鉄の惑星」？

図1　地球の構造はどうなっているのか

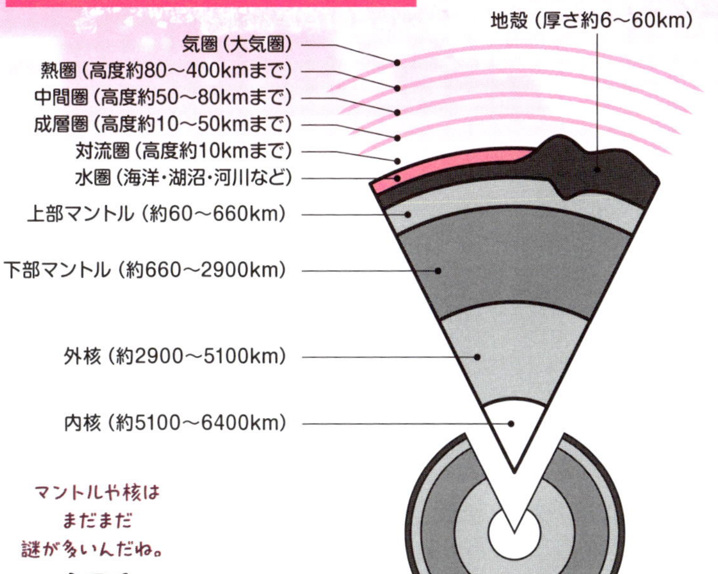

下げるために水素や炭素にケイ素、硫黄などの軽い元素が含まれているというがな。

ふ～ん。やっぱり地球って不思議だな！

図2　地表近辺に存在する元素割合

順位	元素	元素記号	%
1	**酸素**	O	49.5
2	**ケイ素**	Si	25.8
3	**アルミニウム**	Al	7.56
4	**鉄**	Fe	4.70
5	**カルシウム**	Ca	3.39
6	**ナトリウム**	Na	2.63
7	**カリウム**	K	2.40
8	**マグネシウム**	Mg	1.93
9	**水素**	H	0.83
10	**チタン**	Ti	0.46

以下、塩素Cl⇨0.19％、マンガンMn⇨0.09％、リンP⇨0.08％、炭素C⇨0.08％、硫黄S⇨0.06％、窒素N⇨0.03％、フッ素F⇨0.03％、ルビジウムRb⇨0.03％、バリウムBa⇨0.023％、ジルコニウムZr⇨0.02％、クロムCr⇨0.02％、ストロンチウムSr⇨0.02％、バナジウムV⇨0.015％、ニッケルNi⇨0.01%、銅Cu⇨0.01%

図3　地球全体での元素の重量比

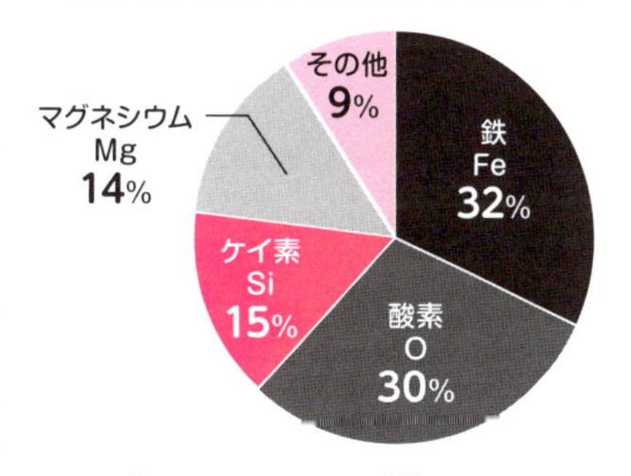

その他はニッケルNi、硫黄S、カルシウムCa、アルミニウムAlなど。地表付近に存在する元素は酸素とケイ素が圧倒的に多いが、元素の重量比で見ると鉄と酸素が圧倒的に多いことがわかる。

※地球は「水の惑星」だが、重量で比較すると鉄が3割強を占めるため「鉄の惑星」ともいえる。

03 台所の**調理道具**や**調味料**から身の回りにある元素を知ろう！

ところで、台所にはいろんな元素があるが、いまのところ確認されている**元素は118種類で、その8割が「金属元素」**だぞ。

へぇ〜！ じゃあそれ以外は何なの？

うむ、**「非金属元素」**だな。地球には何億種類もの「物質」があるが、その**ほとんどが炭素Cをはじめとする、わずか22種類の非金属元素でできている**のだ！

物質には**「有機物（質）」**と**「無機物（質）」**があります。例外はありますが、**有機物とは炭素Cを含む化合物**でそれ以外は無機物です。無機物は金属と非金属に分けられます**（図1参照）**。

また、人間に必要な「5大栄養素」でいえば、「炭水化物」「タンパク質」「脂肪」「ビタミン」が有機物で、「ミネラル」が無機物となります。

日本人の**主食のコメには、主要な元素として炭素C・水素H・酸素Oのほか、ナトリウムNa・カリウムK・カルシウムCa・マグネシウムMg・リンP・鉄Fe・亜鉛Zn・銅Cu・マンガンMnが含まれている。**ほかの食べ物も元素だらけだし、台所の器具もそうだ。**流し台はだいたいステンレスでできているが、これは鉄Fe・クロムCr・ニッケルNiが**元素だな。

それに**鋼包丁は炭素鋼で鉄Fe・炭素C、ステンレス鋼包丁は流し台と同じ元素で、セラミック包丁はアルミニウムAl・ジルコニウムZr、チタン包丁はチタンTi**です。

プラスチック製のまな板にはポリプロピレン樹脂&ポリエチレン樹脂と2種あります。どちらにしろ**炭素C・水素Hが元素、ゴム製は炭素C・水素H、木製は炭素C・水素H・酸素O。**現在はプラスチック製が人気のようです。

フッ素を加工すると、どうして焦げつきにくくなるの？

フッ素加工はフッ素樹脂をフライパンなどの金属基材の表面に塗膜化する加工だ。フッ素樹脂と金属基材が接着すると、食材がくっつきにくくなったり、すべりやすくなるという特性があるからだな。ついでに元素もいっておくと、フッ素（F）、アルミニウム（Al）、マグネシウム（Mg）になるの。

図1　有機物と無機物

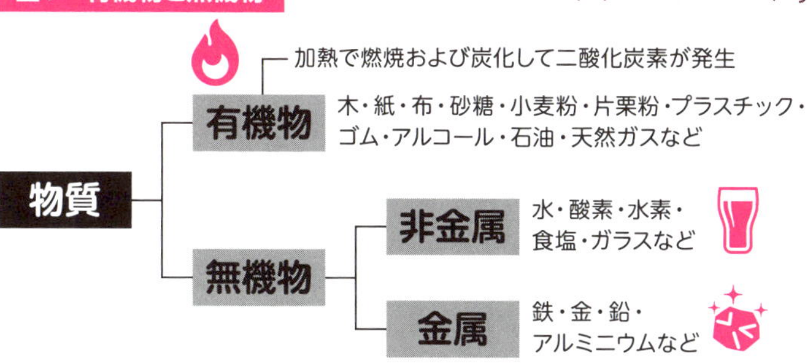

資料：左巻健男編著／元素学たん著『身近にあふれる「元素」が三時間でわかる本』（明日香出版社）

そのほか台所にある食品や常備品（元素の種類のみ）

鍋の元素

アルミニウム鍋／アルミニウムAl
鉄鍋／鉄Fe
ステンレス鍋／鉄Fe・クロムCr・ニッケルNi

味噌（大豆・塩／麹）の元素

大豆／タンパク質：炭素C・水素H・窒素N・酸素O・硫黄S・カリウムK・マグネシウムMg・カルシウムCa・リンP・鉄Fe・亜鉛Zn・銅Cu
塩／水素H・炭素C・酸素O

まな板の元素

プラスチック製／炭素C・水素H
ゴム製／炭素C・水素H
木製／炭素C・水素H・酸素O

パン（小麦粉）の元素

デンプン／炭素C・水素H・酸素O
タンパク質／炭素C・水素H・窒素N・酸素O・硫黄S

砂糖の元素

水素H・炭素C・酸素O

塩の元素

ナトリウムNa・塩素Cl

包丁の元素

鋼包丁／炭素鋼で鉄Fe・炭素C
ステンレス鋼包丁／鉄Fe・クロムCr・ニッケルNi
セラミック包丁／アルミニウムAl・ジルコニウムZr
チタン包丁／チタンTi

醤油（大豆・小麦粉・塩）の元素

大豆／タンパク質：炭素C・水素H・窒素N・酸素O・硫黄S・カリウムK・マグネシウムMg・カルシウムCa・リンP・鉄Fe・亜鉛Zn・銅Cu
小麦粉／デンプン＝炭素C・水素H・酸素O、タンパク質＝炭素C・水素H・窒素N・酸素O・硫黄S
塩／水素H・炭素C・酸素O

04 食に欠かせない香辛料は分子構造とミネラル元素が味の決め手！

そもそも人の味覚には**「塩味・苦味・酸味・旨味・甘味」の五味（五基本味）**があるの。

えっ！　辛味は五味じゃないの？

辛味や渋味は、味覚神経ではなく痛覚などで感じ取られるから基本味には含まれないのだな。それからの、塩味や苦味、酸味の元になる物質には、ミネラル元素が大いに関係しているというぞ。

それと香り（匂い）ですが、これはおもに**水素H・炭素C・窒素N・酸素O・硫黄SやリンP・フッ素F・塩素Cl・臭素Br・ヨウ素Iの元素の組み合わせ（化合物）**で決まるといわれています。

コショウやトウガラシにワサビ、練りガラシなどの香辛料はだいたい**炭素C・水素H・酸素Oが元素の中心で、あとは窒素Nに硫黄Sが混ざる程度**だ。違いは化学式が異なっていることぐらいだろう。

化学式が違うと何が変わるの？

結果として、食べられない毒成分の食べ物とか、**化学式が違うと分子構造が変わる**んだな。その甘い食べ物、辛い食べ物、苦い食べ物などの成分を分析し、化学的に解析してきたわけだ。

たとえば、**コショウの主成分はピペリン**で、**元素は炭素C・水素H・窒素N・酸素O**ですが、$C_{17}H_{19}NO_3$が化学式となります。また、同じく炭素・水素・窒素・酸素の元素を持つ**トウガラシの辛味成分はカプサイシン**で、**化学式は$C_{18}H_{27}NO_3$**です。化学式が異なっていれば分子構造が変わってしまいます。**分子構造が違えば、感じる味が変わる**わけです。見本に分子構造を出しておきましょう（**図1参照**）。また、家庭での身近な香辛料とミネラル元素※を示しておくので参考にしてください。

※ミネラルとは生体構成の主要四元素（酸素O・炭素C・水素H・窒素N）以外の元素を総称する無機質のことで、タンパク質・脂質・炭水化物・ビタミンと並ぶ五大栄養素。

図1 辛味成分コショウ(ピペリン)とトウガラシ(カプサイシン)の分子構造

分子構造とは分子の幾何学的構造のこと。同じ元素であっても分子構造が違えば舌の味蕾で感じる味が変わる。

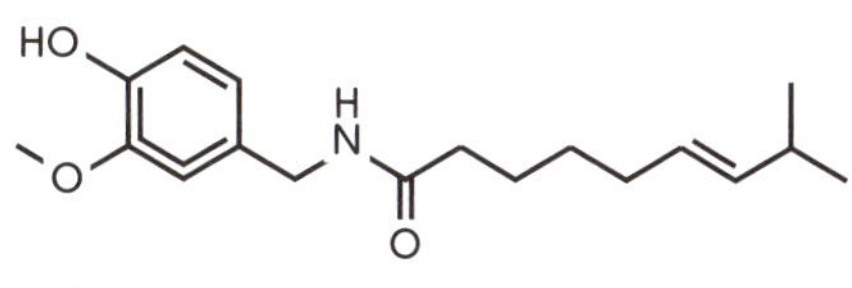

ピペリンの分子構造 (コショウ)
化学式 $C_{17}H_{19}NO_3$

カプサイシンの分子構造 (トウガラシ)
化学式 $C_{18}H_{27}NO_3$

同じ辛い食べ物でも、コショウとトウガラシ、ワサビとカラシでは元素の種類が違うんだね。

本文に書いてあるようにコショウとトウガラシは炭素C・水素H・窒素N・酸素Oだが、ワサビとカラシは炭素C・水素H・窒素N・硫黄Sだ。酸素と硫黄が入れ替わっただけで辛味が違うのは面白いし、不思議でもあるな。

おもな香辛料のミネラル元素と辛味成分

ミネラル(無機質)100g当たりの含有量(mg)

コショウ

黒コショウ(粉):ナトリウムNa/65・カリウムK/1300・カルシウムCa/410・マグネシウムMg/150・リンP/160・鉄Fe/20・亜鉛Zn/1.1・銅Cu/1.2・マンガンMn/6.34。**白コショウ(粉):**ナトリウムNa/65・カリウムK/1300・カルシウムCa/410・マグネシウムMg/150・リンP/160・鉄Fe/20・亜鉛Zn/1.1・銅Cu/1.2・マンガンMn/6.34。**辛味成分ピペリン:**炭素C・水素H・窒素N・酸素O。

カラシ菜(練りカラシ)

カラシ菜:ナトリウムNa/60・カリウムK/620・カルシウムCa/140・マグネシウムMg/21・リンP/72。その他鉄Fe・亜鉛Zn・銅Cu・マンガンMnなど微量。**練りカラシ:**ナトリウムNa/2900・カリウムK/190・カルシウムCa/60・マグネシウムMg/83・リンP/120・鉄Fe/2.1・亜鉛Zn/1.0。その他銅Cu・マンガンMnなど微量。**辛味成分アリルイソチオシアネート(別名イソチオシアン酸アリル):**炭素C・水素H・窒素N・硫黄S ※ワサビやダイコン、サンショウなどにも含まれる辛味成分。

ニンニク

ナトリウムNa/8・カリウムK/510・カルシウムCa/14・マグネシウムMg/24・リンP/160。その他鉄Fe・亜鉛Zn・銅Cu・マンガンMnなど微量。**辛味成分アリシン:**炭素C・水素H・酸素O・硫黄S ※ガーリックとも呼ぶ。

ショウガ

ナトリウムNa/6・カリウムK/270・カルシウムCa/12・マグネシウムMg/27・リンP/25。その他鉄Fe・亜鉛Zn・銅Cu・マンガンMnなど微量。**辛味成分ジンゲロン:**炭素C・水素H・酸素O ※ショウガは香り成分としてリナロール・ボルネオールなどを含む。ジンジャー、ウコン、ターメリックとも呼ぶ。

トウガラシ

ナトリウムNa/3・カリウムK/650・カルシウムCa/490・マグネシウムMg/79・リンP/65・鉄Fe/2.2。その他亜鉛Zn・銅Cu・マンガンMnなど微量。**辛味成分カプサイシン:**炭素C・水素H・窒素N・酸素O ※チリペッパー、レッドペッパー、カイエンペッパーとも呼ぶ。

ワサビ

ナトリウムNa/24・カリウムK/500・カルシウムCa/100・マグネシウムMg/46・リンP/79。その他鉄Fe・亜鉛Zn・銅Cu・マンガンMnなど微量。**辛味成分アリルイソチオシアネート(別名イソチオシアン酸アリル):**炭素C・水素H・窒素N・硫黄S ※カラシやダイコン、サンショウなどにも含まれる辛味成分。

資料:日本食品標準成分表(八訂)増補2023年

その他のおもな香辛料のミネラル元素と辛味・香り成分

カレー粉	ナトリウムNa/40・カリウムK/1700・カルシウムCa/540・マグネシウムMg/220・リンP/400・鉄Fe/29・亜鉛Zn/2.9・マンガンMn/4.84。その他銅Cuなど微量。	**辛味成分カプサイシン**：炭素C・水素H・窒素N・酸素O/**ピペリン**：炭素C・水素H・窒素N・酸素O。
ナツメグ（粉）	ナトリウムNa/15・カリウムK/430・カルシウムCa/160・マグネシウムMg/180・リンP/210・鉄Fe/2.5・亜鉛Zn/1.3・銅Cu/1.20・マンガンMn/2.68。	**香り成分イソオイゲノール**：炭素C・水素H・酸素O　※そのほかの香り成分としてピネン・サビネンなどを含む。
シナモン（粉）	ナトリウムNa/23・カリウムK/550・カルシウムCa/1200・マグネシウムMg/87・リンP/50・鉄Fe/7.1・マンガンMn/41.0。その他亜鉛Zn・銅Cuなど微量。	**香り成分シンナムアルデヒド**：炭素C・水素H・酸素O　※香り成分としてほかにシンナミルアセテート・オイゲノールなどを含む。
コリアンダー（葉）	ナトリウムNa/4・カリウムK/590・カルシウムCa/84・マグネシウムMg/16・リンP/59・鉄Fe/1.4。その他亜鉛Zn・銅Cu・マンガンMnなど微量。	**香り成分デカナール**：炭素C・水素H・酸素O　※そのほかの香り成分としてピネン・ノナナール・リナロールを含む。
バジル（粉）	ナトリウムNa/59・カリウムK/3100・カルシウムCa/2800・マグネシウムMg/760・リンP/330・鉄Fe/120・亜鉛Zn/3.9・銅Cu/1.99・マンガンMn/10.00。	**香り成分エストラゴール（メチルカビコール）**：炭素C・水素H・酸素O　※そのほかの香り成分としてリナロール・シネオール・オイゲノールを含む。
クローブ（粉）	ナトリウムNa/280・カリウムK/1400・カルシウムCa/640・マグネシウムMg/250・リンP/95・鉄Fe/9.9・亜鉛Zn/1.1。その他銅Cu・マンガンMnなど微量。	**香り成分オイゲノール**：炭素C・水素H・酸素O　※そのほかの香り成分としてリナロール・シネオール・オイゲノールを含む。
セージ（粉）	ナトリウムNa/120・カリウムK/1600・カルシウムCa/1500・マグネシウムMg/270・リンP/100・鉄Fe/50・亜鉛Zn/3.3・マンガンMn2.85。その他銅Cuなど微量。	**辛味成分タンニン**：炭素C・水素H・酸素O。
タイム（粉）	ナトリウムNa/13・カリウムK/980・カルシウムCa/1700・マグネシウムMg/300・リンP/85・鉄Fe/110・亜鉛Zn/2・マンガンMn6.67。その他銅Cuなど微量。	**辛味成分リナロール**：炭素C・水素H・酸素O　※そのほか香り成分としてチモール・オイゲノールなどを含む。
パプリカ（粉）	ナトリウムNa/60・カリウムK/2700・カルシウムCa/170・マグネシウムMg/220・リンP/320・鉄Fe/21・亜鉛Zn/10・銅Cu/1.08・マンガンMn1。	**色素成分カプサンチン＆アスタキサンチン**：炭素C・水素H・酸素O　※ピーマンの香り成分はピラジン。

いろんなミネラル元素があるね。
ミネラルはからだの中でつくれないから、
食べ物から取る必要があるんだって。
詳しくは55～56ページを見てね。

COLUMN❶

元素の名前はどう決まる?

「どうして水素はH、酸素はOっていうの?」

01の項目でにゃん太はそんな質問をしていましたね。

現在、**元素の名前を決定するのは、IUPAC(国際純正・応用化学連合)です。命名のルールは特にありません。ですから、天体名、神話名、人名、地名などさまざま。ただし、企業や組織の名前はダメ**だそうです。

にゃん太が首をかしげた「どうして水素はH?」の水素は、フランスの化学者アントワーヌ・ラボアジェ(1743〜1794年)が命名しました。「ある気体に空気を混ぜて火を点けると爆発して水ができた。ある気体の密度は非常に軽い。だから可燃性空気と呼ぼう」とされていた軽い気体に、ギリシャ語のhydro(水)とgenes(つくる)を合わせてHydrogen(和訳・水素、元素記号H)としたのです。酸素(Oxygen)や窒素(Nitrogen)などもラボアジェの命名です。彼は新発見の元素を化学的性質に基づいて定義し、命名していった。そのために「近代化学の父」と呼ばれます。

ラボアジェは33の元素を明らかにしましたが、以後つぎつぎと新元素が発見されます。そこで必要になったのが何らかのルールを決定・統括する国際機関、情報の共有機関だったのでしょう。そうして**1919年に創設されたのがIUPAC**(International Union of Pure and Applied Chemistry)。1911年設立の国際応用化学協会(International Association of Chemical Societies)を引き継ぎ、**54か国と3関連組織の化学会や科学アカデミーが参加した国際機関**です(2023年第52回総会の参加国数55か国)。**元素名は命名法務委員会が規定した「IUPAC命名法」により認定**されます。本部はスイス・チューリッヒ、事務局が置かれたのはアメリカ・ノースカロライナ州リサーチ・トライアングル・パークです。

元素名の認定はIUPACにあるとしても、名前を考案し、申請する権利を持つのは元素の発見者か発見チームです。そこで当時のソ連とアメリカの研究チームが発見先順をめぐって衝突する。つまり、「名誉争い」という人間臭い戦いが、時に繰り広げられるわけです。

05 新鮮な**野菜**にはビタミンとミネラルがたっぷり含まれている！

そうだ、野菜も調べてみよう。ダイコンやニンジン、ジャガイモにネギ、キュウリなんかさ。

モヤシやハクサイ、キャベツ、ゴボウもあるし……数え出したらあれこれ出てくるな。

元素ナビに聞いてばかりじゃダメだね。自分で調べてみよう！　まずダイコン！　**ダイコンの栄養素はエネルギー18kcal、タンパク質0・5g、炭水化物4・1g、ミネラル約300mg、ビタミンC12mg、食物繊維1・4g**だ。でも、これはダイコンの白い部分で、葉っぱはまた違うんだって。

ほう、どう違うのかな。

エネルギー25kcal、タンパク質2・2g、炭水化物5・3g、ミネラル約780mg、ビタミンE3・8mg、ビタミンC53mg、食物繊維4g、βカロテン3900μg※だから栄養価が高いんだよ。

元素はどうかな？

タンパク質は水素H・炭素C・窒素N・酸素O・硫黄Sの5種類。炭水化物は水素H・炭素C・酸素O、ミネラルとしてはカルシウムCa・マグネシウムMgなどが入っているんだって。

ミネラル元素は体の構成と調整を担い、元素の有機化合物であるビタミンは、体の機能を正常に保つために重要な役割を果たしている。どちらも食べ物から取らねばならんから、両方が豊富な野菜を食べることが大切なんだの。

ちなみにダイコンの辛味成分は、殺菌・解毒作用のあるイソチアシアネート（イソチオシアン酸アリル）で、炭素C・水素H・窒素N・硫黄Sが元素の硫黄化合物です。イソチオシアネートを含む野菜にはカラシやショウガもあります。次ページにいろいろな食べ物のミネラル元素と含有量などを示しておきましょう。

※μg（マイクログラム）、1mgの1000分の1、1gの100万分の1の単位。

家庭で食べる おもな野菜のミネラル元素は？

ミネラル（無機質）100g当たりの含有量（mg）

ダイコン

ナトリウムNa/19・カリウムK/230・カルシウムCa/24・マグネシウムMg/10・リンP/18。その他鉄Fe・亜鉛Zn・銅Cu・マンガンMnなど微量。

ニンジン

ナトリウムNa/28・カリウムK/300・カルシウムCa/28・マグネシウムMg/10・リンP/26。その他鉄Fe・亜鉛Zn・銅Cu・マンガンMnなど微量。

ジャガイモ

ナトリウムNa/1・カリウムK/420・カルシウムCa/4・マグネシウムMg/19・リンP/46・鉄Fe/1。その他亜鉛Zn・銅Cu・マンガンMnなど微量。

サツマイモ

ナトリウムNa/23・カリウムK/390・カルシウムCa/40・マグネシウムMg/24・リンP/46。その他鉄Fe・亜鉛Zn・銅Cu・マンガンMnなど微量。

ナガイモ

ナトリウムNa/3・カリウムK/430・カルシウムCa/17・マグネシウムMg/17・リンP/27。その他鉄Fe・亜鉛Zn・銅Cu・マンガンMnなど微量。

大豆モヤシ

ナトリウムNa/3・カリウムK/160・カルシウムCa/23・マグネシウムMg/23・リンP/51。その他鉄Fe・亜鉛Zn・銅Cu・マンガンMnなど微量。

ホウレン草

ナトリウムNa/16・カリウムK/690・カルシウムCa/49・マグネシウムMg/69・リンP/47。その他鉄Fe・亜鉛Zn・銅Cu・マンガンMnなど微量。

ハクサイ

ナトリウムNa/6・カリウムK/220・カルシウムCa/43・マグネシウムMg/10・リンP/33。その他鉄Fe・亜鉛Zn・銅Cu・マンガンMnなど微量。

ホントに
台所にはいろんな野菜が
あるね。

キャベツ

ナトリウムNa/5・カリウムK/200・カルシウムCa/43・マグネシウムMg/14・リンP/27。その他鉄Fe・亜鉛Zn・銅Cu・マンガンMnなど微量。

ミニトマト

ナトリウムNa/4・カリウムK/290・カルシウムCa/12・マグネシウムMg/13・リンP/29。その他鉄Fe・亜鉛Zn・銅Cu・マンガンMnなど微量

ゴボウ

ナトリウムNa/18・カリウムK/320・カルシウムCa/46・マグネシウムMg/54・リンP/62。その他鉄Fe・亜鉛Zn・銅Cu・マンガンMnなど微量。

キュウリ

ナトリウムNa/1・カリウムK/200・カルシウムCa/26・マグネシウムMg/15・リンP/36。その他鉄Fe・亜鉛Zn・銅Cu・マンガンMnなど微量。

ナス

カリウムK/220・カルシウムCa/18・マグネシウムMg/17・リンP/30。その他ナトリウムNa・鉄Fe・亜鉛Zn・銅Cu・マンガンMnなど微量。

タマネギ

ナトリウムNa/2・カリウムK/150・カルシウムCa/17・マグネシウムMg/8・リンP/31。その他鉄Fe・亜鉛Zn・銅Cu・マンガンMnなど微量。

葉ネギ

ナトリウムNa/1・カリウムK/260・カルシウムCa/80・マグネシウムMg/19・リンP/40。その他鉄Fe・亜鉛Zn・銅Cu・マンガンMnなど微量。

青ピーマン

ナトリウムNa/1・カリウムK/190・カルシウムCa/11・マグネシウムMg/11・リンP/22。その他鉄Fe・亜鉛Zn・銅Cu・マンガンMnなど微量。

ブロッコリー

ナトリウムNa/7・カリウムK/460・カルシウムCa/50・マグネシウムMg/29・リンP/110。その他鉄Fe・亜鉛Zn・銅Cu・マンガンMnなど微量。

資料：日本食品標準成分表（八訂）増補2023年

06 魚や肉には主要四元素と五大栄養素が詰まっている！

わん爺、なんかおもしろくなってきたね。食べ物はいろいろあるけど、魚や肉も調べてみようよ。

魚や肉はもともと生き物だから、当然、人間と同じで**「主要四元素」の炭素C・酸素O・水素H・窒素N**がメインだが、ほかにも多くの元素が含まれているぞ。

まぁ、特に**魚類はビタミンAやビタミンB_{12}、ビタミンD、ビタミンEなどが豊富**だな。ミネラルも次ページに見るように**カリウムKやカルシウムCa、リンPや鉄Feなどの元素が多く含まれている。**肉類もいろんなビタミンやミネラルを含有しているし、まったく食べ物は元素ばっかりだの。

はい、それに台所には食品のほかにもそれらを入れているガラス瓶や缶、食品を包むラップなどがあります。

まず**ガラス瓶ですが、これはケイ酸やソーダ灰、石灰が主成分**です。**ケイ酸にはケイ素Si、酸素O**が含まれていますが、これを**シリカといいほぼ70％の含有量、ソーダ灰にはナトリウムNa・酸素O、石灰はカルシウムCa、酸素O**で、これらが元素となります。

また、缶にはスチール缶やアルミ缶があります。**スチール缶は鉄Feが99％、あとは炭素C**です。**アルミ缶はアルミニウムAlが96％**、ほかに**マンガンMn・マグネシウムMg・鉄Fe・銅Cu**、それと**シリコンが入っていますが、これはケイ素Si**のことですね。

食品ラップはポリ塩化ビニリデンでできているので炭素C・水素H・塩素Clが主要な成分となります。

次ページでは魚や肉にはどんなミネラル元素がどれほど含まれているのか見てみましょう。

家庭で食べる おもな魚と肉のミネラル元素は？

ミネラル（無機質）100g当たりの含有量（mg）

真アジ

ナトリウムNa/130・カリウムK/360・カルシウムCa/66・マグネシウムMg/34・リンP/230・亜鉛Zn1.1。その他鉄Fe・銅Cu・マンガンMnなど微量。

真イワシ

ナトリウムNa/81・カリウムK/270・カルシウムCa/74・マグネシウムMg/30・リンP/230・鉄Fe/2.1・亜鉛Zn/1.6。その他銅Cu・マンガンMnなど微量。

カツオ

春獲り：ナトリウムNa/43・カリウムK/430・カルシウムCa/11・マグネシウムMg/42・リンP/280・鉄Fe/1.9。その他亜鉛Zn・銅Cu・マンガンMnなど微量。**秋獲り：**ナトリウムNa/38・カリウムK/380・カルシウムCa/8・マグネシウムMg/38・リンP/260・鉄Fe/1.9。その他亜鉛Zn・銅Cu・マンガンMnなど微量。

真ガレイ

ナトリウムNa/110・カリウムK/330・カルシウムCa/43・マグネシウムMg/28・リンP/200。その他鉄Fe・亜鉛Zn・銅Cu・マンガンMnなど微量。

紅ザケ

ナトリウムNa/57・カリウムK/380・カルシウムCa/10・マグネシウムMg/31・リンP/280。その他鉄Fe・亜鉛Zn・銅Cu・マンガンMnなど微量。

ホントにそうだの。ただ含有量が違う。その違いが体にそれぞれ異なった影響をするのだろう。だからかたよらずにいろんな食べ物を食べてバランスを取ることが大事なわけだ。

和牛（サーロイン）

ナトリウムNa/32・カリウムK/180・カルシウムCa/3・マグネシウムMg/12・リンP/100・亜鉛Zn/2.8。その他鉄Fe・銅Cu・マンガンMnなど微量。

豚（ロース）

ナトリウムNa/42・カリウムK/310・カルシウムCa/4・マグネシウムMg/22・リンP/180・亜鉛Zn/1.6。その他鉄Fe・銅Cu・マンガンMnなど微量。

真サバ

ナトリウムNa/110・カリウムK/330・カルシウムCa/6・マグネシウムMg/30・リンP/220・鉄Fe/1.2・亜鉛Zn/1.1。その他銅Cu・マンガンMnなど微量。

サンマ

ナトリウムNa/140・カリウムK/200・カルシウムCa/28・マグネシウムMg/28・リンP/180・鉄Fe/1.4。その他亜鉛Zn・銅Cu・マンガンMnなど微量。

真ダイ

ナトリウムNa/55・カリウムK/440・カルシウムCa/11・マグネシウムMg/31・リンP/220。その他鉄Fe・亜鉛Zn・銅Cu・マンガンMnなど微量。

ブリ

ナトリウムNa/32・カリウムK/380・カルシウムCa/5・マグネシウムMg/26・リンP/130・鉄Fe/1.3。その他亜鉛Zn・銅Cu・マンガンMnなど微量。

クロマグロ（天然）

ナトリウムNa/49・カリウムK/380・カルシウムCa/5・マグネシウムMg/45・リンP/270・鉄Fe/1.1。その他亜鉛Zn・銅Cu・マンガンMnなど微量。

野菜なんかもそうだったけど、魚や肉の中のミネラルにもナトリウムやカリウムなど同じ元素がたくさん入っているんだね。

主要四元素は 酸素・炭素・水素・窒素！
五大栄養素は タンパク質・脂質・炭水化物・ビタミン・ミネラルだ！

ニワトリ（もも・皮付き）

ナトリウムNa/42・カリウムK/160・カルシウムCa/8・マグネシウムMg/16・リンP/110・亜鉛Zn/1.7。その他鉄Fe・銅Cu・マンガンMnなど微量。

資料：日本食品標準成分表（八訂）増補2023年

07 果物はドライフルーツにすると ミネラルや栄養分がぐっと増えるのはなぜ？

そうだ！　果物の元素も調べちゃおう。だが、イヌには食べられる果物と食べられない果物がある。イチジクやブドウ、皮付きの柑橘類などがダメだし、ネコはイチジクにパパイヤ、マンゴーなんかだ。とくにネコはブドウの皮や実もダメで、にゃん太が食べると中毒症状や腎機能の障害が起こるかもしれないというぞ。

ヒェー！　そんなことも知らずに飼い主さんはボクにブドウをくれるかもしれない。気をつけなくっちゃ。でも、ブドウの元素って？

皮付きのブドウは、だいたいカリウムK、リンPが多いですね。ほかにカルシウムCaやマグネシウムMgなどが少量含まれているようです。おもしろいのはドライフルーツにすると元素の種類が増え、元素量もぐっとアップすることです。

たとえば**皮付きブドウなら、100g当たりカリウムKが220mg、カルシウムCa8mg、マグネシウムMg7mg、リンP23mg、あとは鉄Fe・銅Cu・マンガンMnが微量**なのに、**干しブドウにすると、ナトリウムNa12mg、カリウムKが740mg、カルシウムCa65mg、マグネシウムMg31mg、リンP90mgと増え、鉄Fe・亜鉛Zn・銅Cu・マンガンMnも微増**するんです。

キノコもそうです。椎茸は生と干したものでは圧倒的に干し椎茸の元素含有量は増えます。**原木栽培の椎茸ではカリウムKが270mgなのに、干し椎茸にすると2200mgに激増**しますからビックリです。

陽の光を当てるとビタミン類が増えるし、水分が減ることで成分濃縮が起こって栄養素が増加するわけです。次ページに果物のミネラル元素を紹介しておきます。

家庭で食べるおもな果物のミネラル元素は？

ミネラル（無機質）100g当たりの含有量（mg）

イチゴ
カリウムK/170・カルシウムCa/17・マグネシウムMg/13・リンP/31。その他ナトリウムNa・鉄Fe・亜鉛Zn・銅Cu・マンガンMnなど微量。

イチジク
ナトリウムNa/2・カリウムK/170・カルシウムCa/26・マグネシウムMg/14・リンP/16。その他鉄Fe・亜鉛Zn・銅Cu・マンガンMnなど微量。

甘ガキ
ナトリウムNa/1・カリウムK/170・カルシウムCa/9・マグネシウムMg/6・リンP/14。その他鉄Fe・亜鉛Zn・銅Cu・マンガンMnなど微量。

温州ミカン
ナトリウムNa/1・カリウムK/130・カルシウムCa/17・マグネシウムMg/11・リンP/12。その他鉄Fe・亜鉛Zn・銅Cu・マンガンMnなど微量。

オレンジ（ネーブル）
ナトリウムNa/1・カリウムK/180・カルシウムCa/24・マグネシウムMg/9・リンP/22。その他鉄Fe・亜鉛Zn・銅Cu・マンガンMnなど微量。

グレープフルーツ
ナトリウムNa/1・カリウムK/140・カルシウムCa/15・マグネシウムMg/9・リンP/17。その他鉄Fe・亜鉛Zn・銅Cu・マンガンMnなど微量。

ユズ
ナトリウムNa/5・カリウムK/140・カルシウムCa/41・マグネシウムMg/15・リンP/9。その他鉄Fe・亜鉛Zn・銅Cu・マンガンMnなど微量。

キウイ（緑肉種）
ナトリウムNa/1・カリウムK/300・カルシウムCa/26・マグネシウムMg/14・リンP/30。その他鉄Fe・亜鉛Zn・銅Cu・マンガンMnなど微量。

ほとんどの果物は日光に当たるとビタミンCが減ってしまうから注意だね。

サクランボ
ナトリウムNa/1・カリウムK/210・カルシウムCa/13・マグネシウムMg/6・リンP/17。その他鉄Fe・亜鉛Zn・銅Cuなど微量。

スイカ
ナトリウムNa/1・カリウムK/120・カルシウムCa/4・マグネシウムMg/11・リンP/8。その他鉄Fe・亜鉛Zn・銅Cu・マンガンMnなど微量。

パイナップル
カリウムK/150・カルシウムCa/11・マグネシウムMg/14・リンP/9。その他鉄ナトリウムNa・鉄Fe・亜鉛Zn・銅Cu・マンガンMnなど微量。

バナナ
カリウムK/360・カルシウムCa/6・マグネシウムMg/32・リンP/27。その他ナトリウムNa・鉄Fe・亜鉛Zn・銅Cu・マンガンMnなど微量。

パパイア
ナトリウムNa/6・カリウムK/210・カルシウムCa/20・マグネシウムMg/26・リンP/11。その他鉄Fe・亜鉛Zn・銅Cuなど微量。

マンゴー
ナトリウムNa/1・カリウムK/170・カルシウムCa/15・マグネシウムMg/12・リンP/12。その他鉄Fe・亜鉛Zn・銅Cuなど微量。

メロン（緑肉種）
ナトリウムNa/6・カリウムK/350・カルシウムCa/6・マグネシウムMg/12・リンP/13。その他鉄Fe・亜鉛Zn・銅Cuなど微量。

モモ（白肉種）
ナトリウムNa/1・カリウムK/180・カルシウムCa/4・マグネシウムMg/7・リンP/18。その他鉄Fe・亜鉛Zn・銅Cuなど微量。

リンゴ（皮付き）
カリウムK/120・カルシウムCa/4・マグネシウムMg/5・リンP/12。その他ナトリウムNa・鉄Fe・亜鉛Zn・銅Cu・マンガンMnなど微量。

資料：日本食品標準成分表（八訂）増補2023年

08 冷蔵庫や炊飯器は鉄やアルミが強いボディをつくる！

野菜や魚に肉、果物の元素を調べたから、これで台所にあるものは全部終わったよね。

いやいや台所には電化製品もあるだろう。冷蔵庫や電子レンジなんかの元素は調べてないぞ。

そうか。だけど、台所にある電化製品って冷蔵庫や電子レンジのほかに何があるのかな？

そうだの。う〜む、オーブントースターや電気ケトルにポット、ミキサーにジューサー、フードプロセッサー、食材をペースト状にするハンドブレンダー、コーヒーメーカーやヨーグルトメーカーなんかも置いている家があるかもしれん。それにいろいろな焼きもの料理をつくるホットプレート、自家製パンをつくるためのホームベーカリー、冷凍食品をたくさん買う家では冷凍機、食器を洗うための食洗機なんかも置いてあるんじゃないかな。

へぇ〜。そうするとけっこう台所にも電化製品があるんだね。でも、どこの家でもわん爺がいったようなものを置いてあるのかな？

まぁ、これだけ揃えている家はそうないかもしれんの。

まず冷蔵庫。**冷蔵庫のボディには鉄Fe・銅Cu・アルミニウムAlなどの金属元素が約6割**使われているようです。**内部のプラスチックは炭素C・水素H・酸素O**。以前は冷媒に**フロンガス**が使われていて**炭素C・水素H・フッ素F・塩素Cl・臭素Brの化合物**でした。ですが、フロンガスは成層圏のオゾン層を破壊することがわかったので、**現在ではイソブタン（炭素C・水素H）が代替冷媒**となっているそうです。イソブタンはエアコンやスプレーなどにも用いられています。台所のおもな電化製品の元素は次ページで取り上げます。

台所にあるおもな電化製品

電子レンジの元素

電子レンジの外側は鉄Feなど、内側はステンレスで鉄Fe・クロムCr・ニッケルNiなどを含んだ合金鋼。扉窓の耐熱ガラスはホウケイ酸ガラスでケイ酸（ケイ素Si・酸素O）、ソーダ灰（ナトリウムNa・酸素O）、アルミナ（アルミニウムAl・酸素O）、酸化ホウ素（ホウ素B・酸素O）を主成分とした理化学用ガラス。耐熱ガラスは理化学容器や自動車のヘッドライトなどにも使用されている。

電気ケトルの元素

ステンレス製

鉄Fe・クロムCr・ニッケルNiなどを含んだ合金鋼。

プラスチック製

炭素C・水素H・酸素O。

耐熱ガラス製

ホウケイ酸ガラスでケイ酸（ケイ素Si・酸素O）、ソーダ灰（ナトリウムNa・酸素O）、アルミナ（アルミニウムAl・酸素O）、酸化ホウ素（ホウ素B・酸素O）が主成分。

冷蔵庫の元素

冷蔵庫のボディには鉄Fe・銅Cu・アルミニウムAlなどの金属が約6割使用。内部のプラスチックは炭素C・水素H。現在の冷媒は炭素C・水素Hの炭化水素であるイソブタン。また、断熱材発泡剤には同じく炭素C・水素Hの炭化水素であるシクロペンタンが使われている。

炊飯器内釜の元素

内釜

ステンレス鉄Fe・クロムCr・ニッケルNiとアルミニウムAlの多層鋼にフッ素Fのコーティング素材が一般的。

ホットプレートの元素

本体スチール（フェノール樹脂）

フェノール/アルゴンAr・酸素O・水素H、ホルムアルデヒド/水素H・炭素C・酸素O。フェノール樹脂は電気的特性や耐熱性があり、非導電性部品として使用されている。

プレート（アルミニウム合金）

マグネシウムMg・シリコン（ケイ素）Si・銅Cu・亜鉛Zn・鉄Fe・ニッケルNiなど（フッ素樹脂塗膜）。サンプルは「ブルーノ」製品。素材はメーカーにより異なる。

ミキサーボトルの元素

耐熱ガラス製

ホウケイ酸ガラスでケイ酸（ケイ素Si・酸素O）、ソーダ灰（ナトリウムNa・酸素O）、アルミナ（アルミニウムAl・酸素O）、酸化ホウ素（ホウ素B・酸素O）が主成分。

プラスチック製

炭素C・水素H・酸素O。

トライタン製（コポリエステル樹脂）

炭素C・水素H・酸素Oで重合した合成繊維。

家には電化製品はたくさんあると思っていたけど、台所だけだとそんなにないのかな。

そうだの、せいぜいいま数えたくらいだから、思ったより少ないかもしれん。だが、家の中にはまだまだあるぞ。続けてピックアップしていこう。

09 白熱灯・蛍光灯・LEDの仕組みと電球内の元素とは？

ねぇ、わん爺、電気製品や電化製品って言い方があるけどどう違うの？

電力を使うすべての製品が「電気製品」で、手作業でやっていたことが技術の進歩で電気式になった製品が「電化製品」というのだな。その中に家で使う「家電製品」があるわけだ。それぞれ意味はあるが、混乱するのう。

ふ〜ん、そうか。

明かりには白熱電球、蛍光灯、LEDがあるな。**白熱電球の寿命は1000〜2000時間、蛍光灯は6000〜1万2000時間、LEDは4万〜5万時間**だそうだ。同じ明かりでも寿命にずいぶん違いがあるの。

じゃあ元素ナビに光る仕組みを聞かなくちゃ。

白熱電球は次ページの図で説明するとして、まず蛍光灯ですが、ガラス管の中には、アルゴンArやクリプトンKrなどの不活性ガス（化学的に安定）と少量の水銀が封入されています。**ガラス管の内側には蛍光塗料が塗られていて、両端には電極が付いています。ガスが充満したガラス管に電気スイッチを入れると放電で生じた電子がガス化した水銀電子に当たり紫外線が生じます。その紫外線が蛍光体に当たると可視光線に変換されて発光**するわけです。

じゃあ、LEDは？

LEDの光る色には、電球色、温白色、昼白色、昼光色など4種類あります。違いはLEDチップの半導体材料によります。半導体は**アルミニウムAl・ガリウムGa・インジウムIn・リンP・窒素N・ヒ素Asなどの化合物が材料**です。

では、図で白熱灯、蛍光灯、LEDの仕組みを見てみましょう。

白熱電球の光る仕組み

白熱電球は電流によりフィラメントが熱せられて発光する。熱の温度は図中のように2500～3000℃。発光体はフィラメントだが、その素材として熱に強い金属元素タングステンWが開発（1908年）された。
電球内にアルゴンAl・窒素Nの混合不活性ガスを封入しているが、これはアルゴンが18族元素でほかの物質と反応しにくいという特性のためである。フィラメントの振動防止線にはモリブデンMoが使われている。

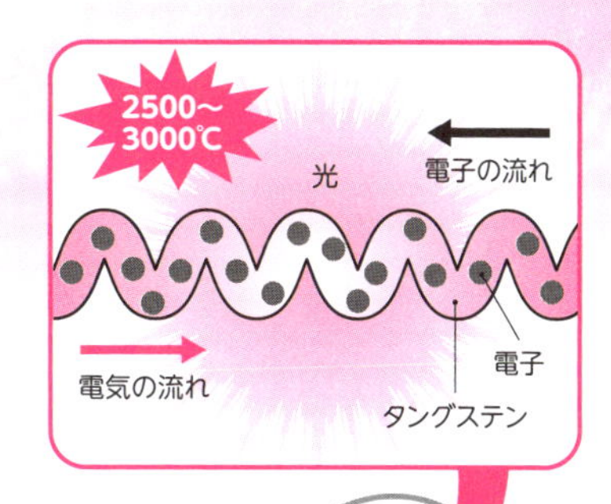

蛍光灯が光る仕組み

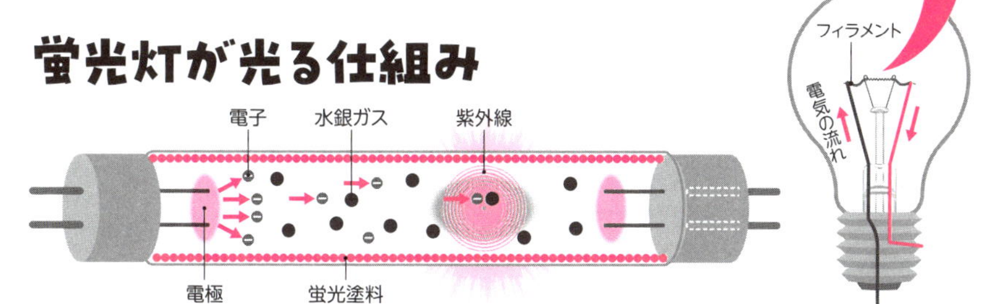

電球内にアルゴンArやクリプトンKrなどの不活性ガスと少量の水銀をガラス管内に封入。ガラス管内側に蛍光塗料が塗布され、両端には電極を設置。ガスの充満したガラス管に電気が流れると放電によって生じた電子がガス化した水銀電子に当たり紫外線が生じる。その紫外線が蛍光体に当たると可視光線に変換されて発光する。

LEDの光る仕組み

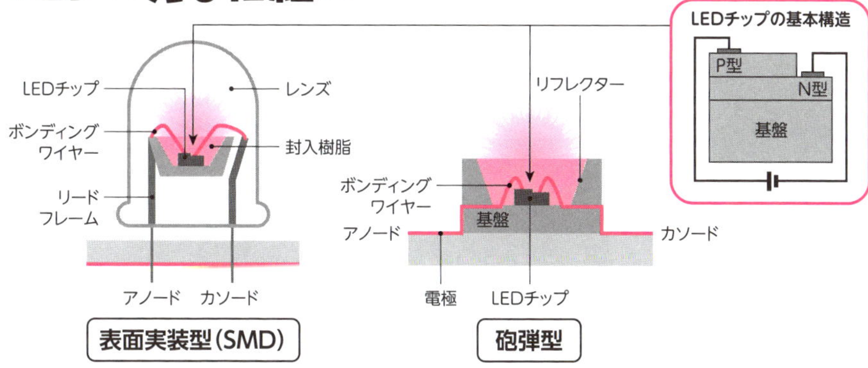

LEDチップは電子の不足した正孔の多い半導体（P型）と電子の多い半導体（N型）が結合した「PN接合」構造。電流をP側のプラス電極からN側のマイナス電極に流すと、ホールに電子が入って結合する。そのときに生じた余分なエネルギーが光に変換されて放射される。また、発光色の違いは本文に記しているようにLEDチップの半導体材料により異なる。

半導体の元素
アルミニウムAl・ガリウムGa・インジウムIn・リンP・窒素N・ヒ素Asなどの化合物。

資料：望月修著『眠れなくなるほど面白い　図解premium すごい物理の話』（日本文芸社刊）

10 テレビなどの電化製品には金属元素が多く使われている？

次は家の中の家電製品だね。テレビやエアコン、扇風機などいろいろあるね。

03の項目で話したように、元素の8割は金属元素だ。家電にはこの金属元素がけっこう使われているの。**鉄Fe・銅Cu・アルミニウムAl、それに元素が炭素C・酸素O・水素Hのプラスチック**などだな。洗濯機や掃除機、空気清浄機に加湿器と除湿機、小さいものではアイロン、壁掛け時計、ドライヤー、電気カミソリ、女性用の美容家電なんかもあるるな。

電気カミソリかぁ。僕もヒゲがあるから電気カミソリで剃ってみたいぞ！

バカモノ！　ネコが髭を剃ったらたいへんなことになる。イヌは聴覚や嗅覚の感覚器官がすぐれているから髭を切っても大丈夫だが、ネコの髭は周りの情報を敏感に感じ取るアンテナみたいなものだし、平衡感覚やバランス感覚を保つための重要な器官なのだ。そんな髭を剃るなんて冗談でもいってはならぬわい。

ハーイ（反省）。じゃあ、元素ナビにテレビがどうして映るのか教えてもらおっと。

話を変えおって。まったく調子のいい奴だ。

カラーテレビは赤（R）・緑（G）・青（B）の光の三原色で色を出します。3色1組を順に点滅させるのですが、**点滅する点の集合が行という走査線。**この**走査線を奇数行と偶数行を60分の1秒のスピードで走らせる方法により、1秒間に約30枚の画像を送って動画としています。**ですが、**画面の鮮やかさは水平画素数と垂直画素数（走査線）の数で変わります。画素とは画像の最小単位ピクセルのこと**ですが、その**画素数が多ければ多いほど画面が鮮明となる**のです。

テレビの元素

鉄Fe・銅Cu・アルミニウムAlなどの金属、プラスチック（炭素C・酸素O・水素H）、ガラス（ケイ素Si・酸素O・ナトリウムNaなど）。

資料：一般財団法人家電製品協会　https://www.aeha-kadenrecycle.com/introduction/#

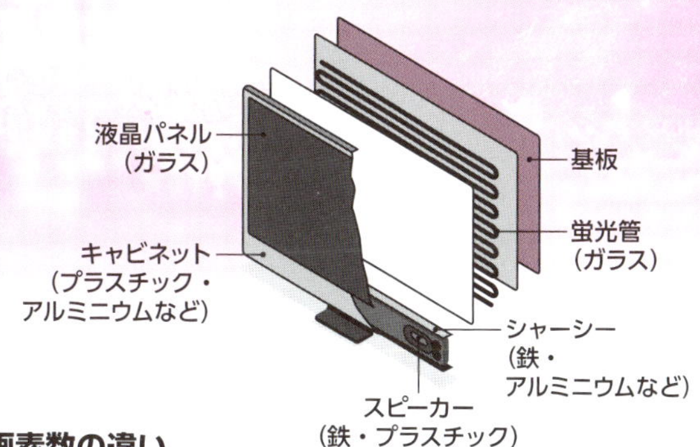

ハイビジョン・4K・8kテレビの画素数の違い

	フルハイビジョンテレビ	4Kテレビ	8Kテレビ
水平画素数	1920	3840	7680
垂直画素数	1080	2160	4320
総画素数	約207万画素	約829万画素	約3318万画素

資料：野村義宏監修・共著『眠れなくなるほど面白い　図解premium 化学の話』（日本文芸社刊）

エアコンの元素

本体元素
鉄Fe・銅Cu・アルミニウムAlなどの金属・プラスチック（炭素C・酸素O・水素H）。
冷媒（代替フロン）元素
ハイドロフルオロカーボンHFC（水素H・フッ素F・炭素C）・ハイドロクロロフルオロカーボンHCFC（水素H・フッ素F・炭素C）。現在はHFC類の中でも地球温暖化にもっとも影響の少ない冷媒R32を使用。

壁掛け時計の元素

外装元素
鋼板（鉄Fe・マンガンMn・炭素C・リンP・硫黄Sなど）。
指針元素
アルミニウムAl。
マンガン乾電池元素
マンガンMn・亜鉛Zn・酸素O。
アルカリ乾電池元素
マンガンMn・亜鉛Zn。マンガン乾電池は小さな電流で動く機器（時計やリモコンなど）、アルカリ電池は大きな電流で動く機器（デジタルカメラ・シェーバー・電動歯ブラシなど）に適す。素材はメーカや時計の種類により異なる。

洗濯機の元素

外装元素
プラスチック（炭素C・酸素O・水素H）。
洗濯槽元素
プラスチック（炭素C・酸素O）・ステンレス（鉄Fe・クロムCr・ニッケルNiなどを含んだ合金鋼）。
ドラム式洗濯乾燥機内扉耐熱ガラス元素
ホウケイ酸ガラスでケイ酸（ケイ素Si・酸素O）、ソーダ灰（ナトリウムNa・酸素O）、アルミナ（アルミニウムAl・酸素O）、酸化ホウ素（ホウ素B・酸素O）が主成分。

扇風機の元素

本体元素
プラスチック（炭素C・酸素O・水素H）が主成分。モーター部分や金属の羽保護網を除く。

掃除機

本体元素
プラスチック（炭素C・酸素O・水素H）が主成分。ほかにコバルトCoやレアメタルなどを使用。

スチームアイロンの元素

掛け面元素
ステンレス（鉄Fe・クロムCr・ニッケルNiなどを含んだ合金鋼）。ほかにフッ素F・チタンTi・セラミック素材のものもある。

11 パソコンやスマホにはレアメタルが欠かせない！

現代社会ではパソコンもそうだが、スマホは必需品だな。若い人はテレビを見なくなったというが、スマホは見ている。スマホでゲームやネット情報に接しているんだのう。

「猫も杓子もスマホ！」なんてね。

おっ、自分に引っ掛けたシャレか、座布団1枚。ところで、パソコンやスマホはどんな元素でできているのかな。

デスクトップパソコンの本体はだいたい廉価なプラスチックと金属でできています。デスクに置いているため、たとえ重い材質でも問題がないので安さ重視になるわけです。

ですが、ノートパソコンは持ち運びするため軽さが求められます。**機器類を入れる筐体（きょうたい）はプラスチックのポリカーボネート（炭素C・水素H・酸素O）やABS樹脂（アクリロニトリル・ブタジエン・スチレン）・炭素繊維（カーボンファイバー）C・アルミニウムAl・マグネシウム合金※Mg・チタンTi**が使われていますが、理由は軽いため。**特にマグネシウム合金は実用金属の中でももっとも軽く、強度と剛性にすぐれた物質**です。

じゃあ、スマホは？

スマホもほとんど変わりません。本体のプラスチックなどのほかにガラスや強靭性と耐熱性が格段とアップしたハイテクのアラミド繊維を用いたりします。

重要なバッテリーには**リチウムLi・コバルトCoが使われ、**これらは埋蔵量が少なく、取り出しに技術やコストが必要な**「レアメタル」といわれる稀少な金属元素**です。ほかにも液晶に必要なインジウム、非金属元素のホウ素B、テルルTeなど47元素があります。

※合金は複数の金属元素か、金属元素と非金属元素から成る金属素材。

パーソナルコンピュータ（ノート）の元素

外側材質元素

ポリカーポネート（炭素C・水素H・酸素O）・ABS樹脂（アクリロニトリル・ブタジエン・スチレン）・炭素繊維（カーボンファイバー）C・アルミニウムAl・マグネシウム合金M・チタンTiなど。

内部部品元素

金Au・銀Ag・銅Cu・鉛Pb・ニッケルNi・ルテニウムRu・ガリウムGa・臭素Br・モリブデンMo・リチウムLi・コバルトCoなど。家庭用普及の15インチ型ノートパソコンの平均重量2kg。持ち運びが楽なモバイルノートパソコンの重量は1～1.5kg。

スマートフォンの元素

外側材質元素

ポリカーポネート（炭素C・水素H・酸素O）・ABS樹脂（アクリロニトリル・ブタジエン・スチレン）・炭素繊維（カーボンファイバー）C・アルミニウムAl・マグネシウム合金M・チタンTiなど。

内部部品元素

金Au・銀Ag・銅Cu・スズSn・インジウムIn・ネオジムNd・ジスプロシウムDy・リチウムLi・コバルトCo・タンタルTa・アルミニウムAl・マグネシウムMgなど。

資料：PC選びん　https://itkaisen.com/material/#i
栗山恭直監修『イラスト&図解 知識ゼロでも楽しく読める！ 元素のしくみ』（西東社）

僕もスマホを使いたいな。でも、どうしてスマホは指でタッチすると文字を打てたり、画面を変えたりできるんだろう？

どうやら「静電容量方式」というものらしいぞ。タッチパネルに指を触れると、透明電極とかいうものが触れたところを読み取ってスマホに指示するらしい。透明電極は高い電気導電性と可視光透過性を持つ透明伝導体の電極だそうだ。ガラスみたいに透明で、金属同様に電気を通す物質なんだな。酸化インジウムスズ（インジウムIn・スズSn・酸素O）が素材で、液晶ディスプレイやスマホのタッチパネル、太陽電池、発光ダイオードなんかにも使われているというぞ。

リチウムイオン電池の仕組みと元素

リチウムイオン電池は、放電でリチウムイオンがプラス極に移動、充電でマイナス極に移動するため繰り返し使用できる。

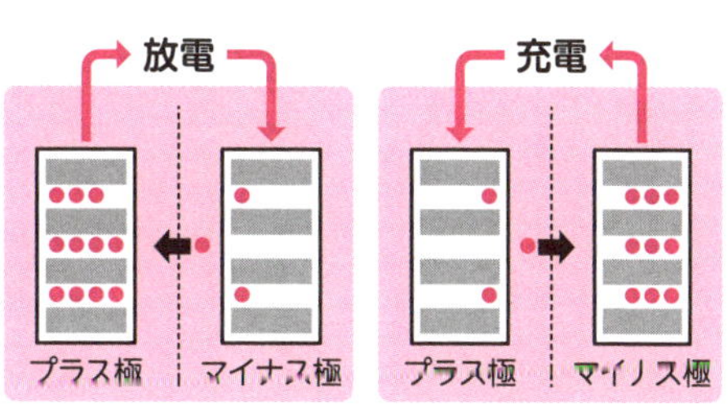

●リチウムイオン　……セパレーター　電解液

パソコンやスマホ、自動車などで使われている電池は充電式リチウムイオン電池。充電と放電の仕組みと元素は、プラス極にリチウム（Li）金属酸化物、マイナス極にグラファイトなどの炭素（C）素材、電解液に非水溶系有機電解質を用い、プラス極とマイナス極の間をリチウムイオンが移動して充電と放電を繰り返す。リチウムイオンがマイナス極に移動すると充電、プラス極に移動すると放電する（図参照）。リチウムイオン電池の開発に貢献した旭化成名誉フェローの化学者吉野彰、物理学者ジョン・グッドイナフ、化学者スタンリー・ウィッティンガムの3氏は2019年「ノーベル化学賞」を受賞。「リチウムイオン電池」と名付けて世界で最初に商品化したのは1991年ソニー・エナジー・テック社。

資料：野村義宏監修・共著『眠れなくなるほど面白い　図解premium 化学の話』（日本文芸社刊）

12 鉛筆の芯とダイヤモンドは同じ元素!?
ボールペンのインクの元素は？

電化製品の元素調べが終わったから、次は何を調べたらいい？

ふだん使っている筆記用具がいいかな。なら、鉛筆とかボールペンにしよう。にゃん太も何か書くときには鉛筆やボールペンを使うのだろう？

うん、そう。

鉛筆で何か書けるというのは、鉛筆の芯を紙に当てて擦ると芯が少しずつ砕ける。そうすると芯の成分の黒鉛が紙の繊維にくっついて黒い色が付くんだな。

鉛筆の芯は**黒鉛**（**グラファイト**）と**粘土**でできています。**黒鉛は鉛の仲間ではなく炭素Cの鉱物です。黒鉛は層状に積み重なっているため、鉛筆の芯を紙に当てて動かすと黒鉛の層が紙の凸凹に引っかかって剥がれ、黒色が付着して文字などが書ける**わけです。

層状の黒鉛の単一層を「グラフェン」といいます。**金属と半導体の両方の性質があり、潤滑性・導電性・耐熱性・耐酸耐アルカリ性を持ちます。黒鉛の正式名称は石墨**です。

ふ〜ん。じゃあ、ボールペンはどうなの？

ボールペンというのはペンの先端にボールが付いているからです。この**ボールにインクを付着させ、紙に当てて動かすとボールが回転してインクが載ります。インクが乾燥すると文字が定着する、という仕組み**です。

インクには**油性**と**水性**があります。**油性は有機溶剤で「染料＋溶剤＋樹脂」、水性の溶剤は「顔料＋分散剤＋水」**です。**溶剤に溶ける着色剤を染料、溶けないものが顔料**です。図で鉛筆とボールペンの元素と仕組みを確認してください。

鉛筆の元素と仕組み

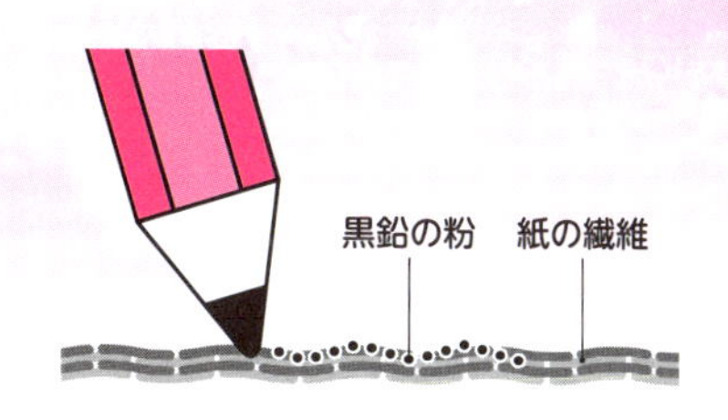

芯の元素

炭素C、鉛筆の木材はおもに北米産インセンスシダー(ヒノキ科)。

木の元素

炭素C・水素H・酸素O。

紙の表面は植物繊維がおり重なっている。その繊維の隙間に擦られて剥がれた黒鉛の粉が入り込み、文字が書ける。

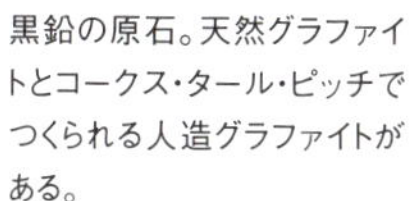

黒鉛の原石。天然グラファイトとコークス・タール・ピッチでつくられる人造グラファイトがある。

ダイヤモンドの原石。天然ダイヤモンドと合成(人工)ダイヤモンドがある。天然ではもっとも硬質な物質。

鉛筆とダイヤモンドは元素が同じ!

黒鉛とダイヤモンドは炭素でできている。ただし、黒鉛は層状で剥がれやすいが、ダイヤモンドは立体空間に完全な対称性と物理的性質が等方性を有する結晶構造となっている。この結晶構造は壊れにくい特長を持つ。成分元素が同じでも、異なる物質を「同素体」という。

ボールペンの元素と仕組み

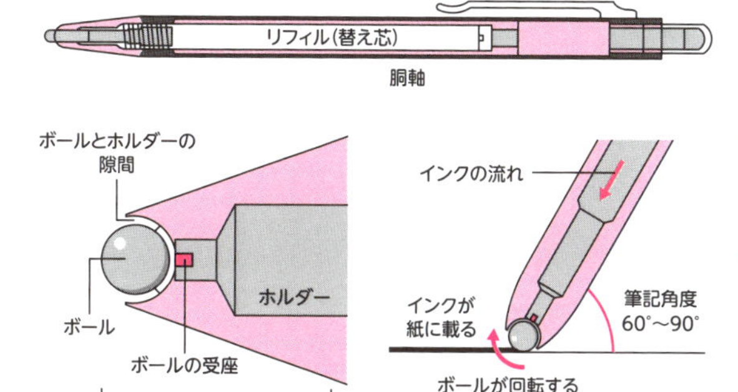

油性インク有機溶剤の元素

炭素C・水素H・酸素Oの脂肪族炭化水素などがおもに使われる。

水性インク溶剤の元素

樹脂、アンモニア水(窒素N・水素H・酸素O)や有機アミン類(炭素C・水素H)の水溶化剤、顔料(有機顔料・無機顔料)などが使われている。

ボールペンのボールの元素

おもにアルミナの粉末で酸化アルミニウムAl・酸素Oを主成分としたセラミックでできている。

資料:野村義宏監修・共著『眠れなくなるほど面白い 図解premium 化学の話』(日本文芸社刊)

ねえねえ、染料と顔料っていうけど、何がどう違うのかな。

染料は溶剤に溶けるが、顔料は溶けないというの。染料はいろいろな色を混ぜ合わせて新たな色をつくり出せるが、そのぶん光に当たり過ぎると色褪せする色もある。その点、顔料は溶剤に溶けないだけに、溶剤の中に均一に混ざるらしい。だから、染料に比べて光に強く、耐水性もあるというな。

油性ボールペンはインクが染料だから、紙にインクを染み込ませて発色させる方式、水性ボールペンはインクが顔料なので、紙にインクを付着させる方式だそうだぞ。

13 日本の硬貨は1円玉以外、銅がベースの合金ばかりだ!

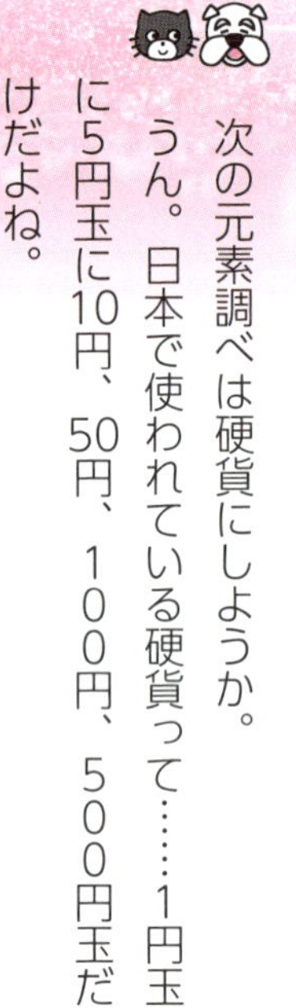

次の元素調べは硬貨にしようか。

うん。日本で使われている硬貨って……1円玉に5円玉に10円、50円、100円、500円玉だけだよね。

まぁそうだが。古いところでは1964年(昭和39年)の**「東京オリンピック記念」1000円銀貨**、1985年(昭和60年)**「昭和天皇御在位60年記念」10万円金貨**があるし、2009年(平成21年)**「平成天皇御在位20年記念」1万円金貨**がある。新しいところでは2022年(令和4年)**「沖縄復帰50周年記念」1万円銀貨**や**「鉄道開業150周年記念」1000円銀貨**、2023年(令和5年)**「2025年日本国際博覧会記念(第一次発行)」1000円銀貨**があるぞ。記念硬貨の種類は250ぐらいあるというからたいした数だな。

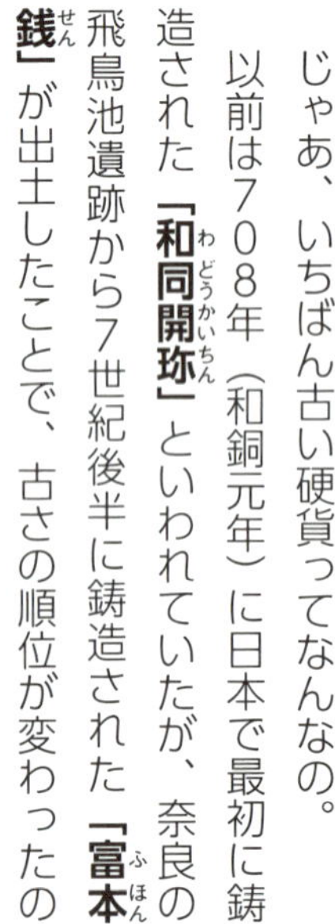

じゃあ、いちばん古い硬貨ってなんなの。

以前は708年(和銅元年)に日本で最初に鋳造された**「和同開珎(わどうかいちん)」**といわれていたが、奈良の飛鳥池遺跡から7世紀後半に鋳造された**「富本銭(ふほんせん)」**が出土したことで、古さの順位が変わったのだ。

そうか、そんなに古い時代から硬貨ってあったんだ。

硬貨には銅がよく使われます。江戸時代もそうですし、**現代の硬貨も1円玉を除けばすべて銅Cuが入っています**。ちなみに**「金貨」は24金(24K・純度99.9%以上)の純金のことで、18金(75%)・14金(約58%)・10金(約42%)は金との合金**です。純金の価値は高いものの柔らかいため傷つきやすく、用途によってはほかの金属元素を混ぜて合金にして使用します。

硬貨の元素

1円玉の元素

素材
純アルミニウム
元素
アルミニウム Al/100%

100円玉の元素

素材
白銅（銅・ニッケルの合金）
元素
銅 Cu/75%・ニッケル Ni/25%

5円玉の元素

素材
黄銅（銅・亜鉛の合金）
元素
銅 Cu/60～70%・亜鉛 Zn/30～40%

50円玉の元素

素材
白銅（銅・ニッケルの合金）
元素
銅 Cu/75%・ニッケル Ni/25%

10円玉の元素

素材
青銅（銅・スズの合金）
元素
銅 Cu/95%・亜鉛 Zn/3～4%・スズ Sn/1～2%

500円玉の元素

素材
ニッケル黄銅（銅・亜鉛・ニッケルの合金）
元素
銅 Cu/72%・亜鉛 Zn/20%・ニッケル Ni/8%

昔の珍しい硬貨は値段が高くなるって聞いたけどホント？

競売で高値で売り買いされるからの。いまのところもっとも高い値段がついたのは1933年にアメリカで発行された「ダブル・イーグル」という金貨らしい。この金貨は流通用に鋳造された金貨の最後の1枚ということだが、2021年6月に競売会社サザビーズでオークションされると、なんと1887万ドルの値段が付いたそうだ。

小判

1両の現在価値（米価換算）
初期－10万円
中期～後期＝3～5万円
幕末＝3～4千円

「お主も悪よのう」── 時代劇で悪代官と悪徳商人とのやり取りで差し出される賄賂が「小判」。小判は徳川家康が江戸開府に先立ち、大判より小型を流通通貨とすべく鋳造を命じた「慶長小判」がはじまりらしい。その後、幕末までに10度改鋳されたが、実は小判の改鋳は幕府の財政悪化の補填を狙い金含有量を減らすことで改鋳利益を目論んだもの。正徳・享保小判を除いて改悪といわれる。

※小判の元素は主に金Au。慶長小判は金87%、元禄小判は金57%と銀の合金。

小判の種類

1601	1695	1710	1714	1736	1819	1837	1859	1860（年）
慶長小判	元禄小判	宝永小判	正徳・享保小判	元文小判	文政小判	天保小判	安政小判	万延小判

14 スニーカーに見る素材の違いとその元素とは？

散歩に行こうかな。

うむ。わしも運動不足だからにゃん太に付き合おうかい。

シューズはやっぱりスニーカーかな？

にゃん太のそんな小さい足のサイズに合うスニーカーなんてあるのかの？

わん爺、バカにしたらダメ、あるんだから。あっ、そうだ！ 散歩の前にスニーカの元素を調べたほうがいいよね。

おお、それがいいの。だが、スニーカーは素材の違うものがおおよそ5種類あるぞ。

えっ、そうなの。どんな種類？

ツヤツヤした革の**「スムースレザー」**、起毛した革の**「スエード」**、人工でつくった**「合成皮革」**、布の**「キャンバス」**、光る**「エナメル」**の5種だそうだぞ。まぁ、メッシュやニットにコンビなんかもあるようだがの。

スムースレザーは豚や羊もありますが、ふつうは牛革が多いようです。**毛羽立ちがなく、凸凹のない皮革のこと。スエードレザーはなめした皮の裏皮を毛羽立たせた皮革**です。**合成皮革は生地にナイロンやポリエステルを使い、ポリウレタンなどの樹脂層をコーティング**したもの。**キャンバスは靴の甲（アッパー）部分に画布などに使われる生地**を使ったスニーカー。**エナメルスニーカーは革にエナメル塗料を塗って光沢性と耐久性を強化したスニーカー**です。

ふ〜ん。スニーカーでもいろいろあるんだね。僕のは布だからキャンバススニーカーだ。

わしのは同じ動物仲間の革を使うのは気がとがめるから合成皮革だな。まぁ、次ページのスニーカーの種類と素材や元素を参考にしてみようか。

キャンバス生地スニーカーの元素

テキスタイル素材
①リネン元素：炭素C・水素H・酸素O
②綿元素：炭素C・水素H・酸素O
③合成繊維ポリエステル元素：炭素C・水素H・酸素O

革スニーカーの元素

革素材
コラーゲン（ヒドロキシプロリン）
元素
炭素C・水素H・窒素N・酸素O

スニーカーの元素

僕やわん爺は毛が生えているから、そのままスエードかな？

スエードはなめした裏皮の毛を毛羽立たせたものだから違うわい。スエードなどの革素材は動物由来だから、元素はだいたい炭素C・酸素O・水素H・窒素Nだの。合成皮革や合成繊維は石油からつくられるからプラスチック類と同じ、炭素C・酸素O、水素Hが基本元素になるぞ。

エナメル革スニーカーの元素

エナメル革素材
革の表面に加熱したアマニ油、ワニス（**ポリエステル樹脂元素：**炭素C・水素H・酸素O）を塗り光沢と耐久性を強化。

合成皮革スニーカーの元素

合成皮革素材
ナイロン・ポリエステル・ポリウレタンなど
ナイロン元素
アミド基（炭素C・酸素O・窒素N・水素H）＋炭化水素基（炭素C・水素H）が結合したポリアミド。
ポリエステル元素
炭素C・水素H・酸素O
ポリウレタン元素
窒素N・水素H・炭素C・酸素O

スエードレザースニーカーの元素

革素材
コラーゲン
元素
炭素C・水素H・窒素N・酸素O

15 自転車はフレームの素材で価格がぜんぜん違う！

散歩に飽きたから、今度は自転車に乗ろうかな。
なんと、にゃん太は自転車に乗れるのか？
バカにしちゃいけません。僕は誰が知ろう「ロードレーサー」なのです。
なんだ、ダ〜レも知らない自転車乗りか。
腹立つな。謙遜していっただけだよ。本物のロードレーサーなんだから。
ハイハイ。じゃあ、にゃん太選手、自転車の解説をしてもらおうか。
いやぁそれは……元素ナビの出番でしょう。
一般的な自転車は**シティサイクル**（ママチャリ）、**クロスバイク**、**ロードバイク**、**マウンテンバイク**ですが、ほかに**電動アシスト自転車**、**ミニベロ**（ホイールサイズの20インチ以下）、**ピストバイク**（トラック競技用一束ギア）、**グラベルロード**（未舗装道路などでも走行可能）、**BMX**（バイシクルモトクロス）などと子供用があります。
自転車には各パーツで名称が付与されています。ロードバイクを例にその名称を紹介しておきますが、**ロードバイクは31のパーツが組み合わされているほど複雑**です。なお、おもな自転車のフレーム（車体部）とリム（ホイールの一部で金属の輪の部分）の素材、元素も記載しておきます。
付け加えると、**自転車のフレーム素材はだいたいカーボン、クロモリ、アルミ、ステンレス、スチールで、ふつうだとこの順に高級な素材**だな。カーボン（炭素繊維）は原子量が小さい炭素原子でできているので「軽くて強い」、だからいちばん高価だ。クロモリは鉄ベースなので「丈夫で長持ち」、アルミは何といっても「軽量」、ステンレスは「錆びにくい」、スチールは鉄の合金だからもっとも一般的だの。

僕は「ネコリンピック」の自転車競技に出場したいのだ！

自転車の各パーツと名称

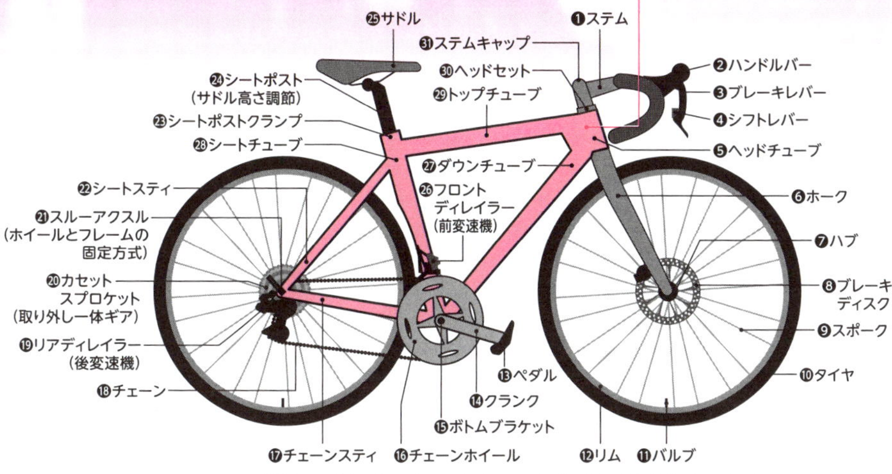

資料：Bone https://www.bonecollection.com/ja/blog/item/3392-bicycle-parts-diagram

シティサイクル（ママチャリ）の元素

フレームの元素：鉄Fe、または鉄Fe主成分で炭素C・マンガンMn・リンPを加えたスチール。**リムの元素：**アルミニウムAl、または鉄Fe・クロムCr・ニッケルNiを加えたステンレス。

ロードバイクの元素

フレームの元素：アルミニウムAl、または鉄Fe主成分で炭素鋼C・クロムCr・モリブデンMoを加えたクロモリやカーボン（炭素Cの布を重ねて接着剤で固めた素材）。**リムの元素：**アルミニウムAl、炭素Cのカーボン製が主流。

マウンテンバイクの元素

フレームの元素：アルミニウムAl、または鉄Fe主成分で炭素鋼C・クロムCr・モリブデンMoを加えたクロモリやカーボン（炭素Cの布を重ねて接着剤で固めた素材）、チタンTiなど。**リムの元素：**アルミニウムAlが一般的。

クロスバイクの元素

フレームの元素：アルミニウムAl、または鉄Fe主成分で炭素鋼C・クロムCr・モリブデンMoを加えたクロモリ。**リムの元素：**主流がアルミニウムAl、高級モデルは炭素Cのカーボン製。

16 電気自動車（EV）のパワーはリチウムイオン電池しだいだ！

電気自動車ってどうしてこんなに注目を浴びるようになったの？

２０１５年に国連総会で２０３０年までに達成すべき目標として**「SDGs（Sustainable Development Goals）＝持続可能な開発目標」**という17項目が採択されたが、7番目に**「エネルギーをみんなに。そしてクリーンに」**と13番目に**「気候変動に具体的な対策を」**という目標がある。温暖化で地球環境が悪化しているから、その原因となる二酸化炭素（CO_2）を排出する化石燃料の使用を減らそう**（脱炭素）**というわけだ。そこで環境悪化要因とならない電気自動車が脚光を浴びた。まぁ、日本にはハイブリッド車もあるし、燃料電池車にも期待できるがな。

地球の温暖化を防ぐのは緊急の課題です。これまでの**自動車の燃料はガソリンや軽油なので、一酸化炭素ＣＯや窒素化合物NO_x、二酸化炭素CO_2、粒子状物質ＰＭなど環境を汚染する化学物質を排出**していました。そこで、少しでも環境汚染物質の排出を減らすために**ハイブリッド車（ＨＶ）や電気自動車（ＢＥＶ）、燃料電池車（ＦＣＶ）**が開発されてきました。**ハイブリッド車はガソリンと電気を使ってエンジンとモーターを動かす**仕組み、**電気自動車は電気を蓄電池に蓄えてモーターを動かす**仕組み、**燃料電池車は水素と空気を利用して燃料電池を発電させてモーターを動かす**仕組みです。

　電気自動車や燃料電池車は環境を汚染しない自動車ですが、電気自動車は家庭で充電できるものの走行距離の短さに問題があり、燃料電池車は長距離移動が可能であるものの水素ステーションの設置が少ないことが欠点となっています。

電気自動車(EV)の仕組みと元素

EVのモーターは電気を駆動力に変えるシステム。エンジン車のエンジンに相当するのがEVのモーター。モータには直流と交流があるが、多くのEVでは交流モーターが使われている。また、モーターに電気供給するのはバッテリーで、蓄電の役割を持つ。

ボディの元素
素材の多くはアルミニウムAlの合金。

バッテリーの元素
主流は繰り返し充電可能な二次電池の「リチウムイオン電池」だが、大別すると2種。正極がリンP・酸O・鉄Fe・リチウムLiイオン電池(LFP電池)とニッケルNi・マンガンMn・コバルトCo(NMC電池)の三元系リチウムイオン電池。負極には黒鉛C(グラファイト)が使われる。ほかに「鉛蓄電池」「ニッケル水素電池」「ニッケルカドミウム電池」などがある。また、モーターの一部の電子部品にはジスプロシウムDy・テルビウムTb・ネオジムNdのレアメタルが使われているが、多くは中国で採掘される希少金属(非鉄金属)である。

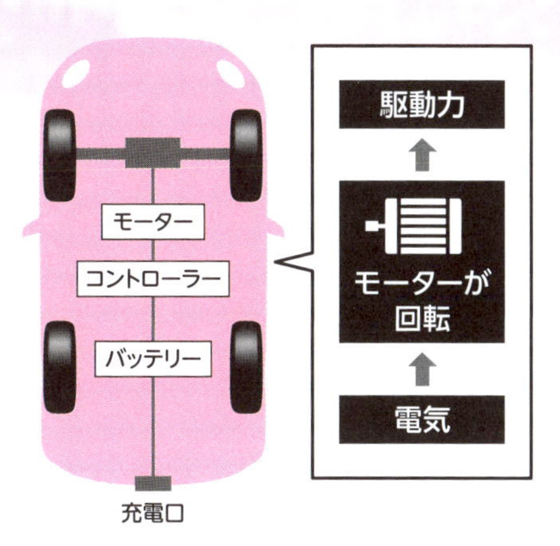

※リチウムイオン電池の仕組みは33ページ参照

電気を動力に変換する自動車の種類

HV
Hybrid Vehicle

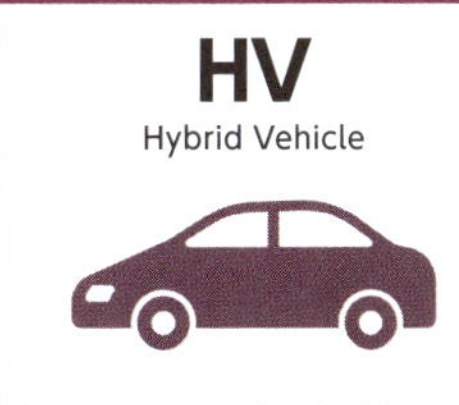

燃料：電気 / 化石燃料
動力：電気 / 化石燃料
駆動系：モーター / エンジン

電気と化石燃料を動力とする

BEV
Battery Electric Vehicle

燃料：電気
動力：電気
駆動系：モーター

一般的には「EV」。電気を動力とする

FCV
Fuel Cell Vehicle

燃料：水素
動力：電気
駆動系：モーター

水素と酸素によって発電し動力とする

資料：EV DAYS 東京電力エナジーパートナー

ねえねえ、
EVって充電時間が長い割に
長距離が走れないの？

まぁ、それが欠点といえば欠点だの。いまのところ1回の充電で500km※ぐらい走るのが最長かな。だが、期待のできる電池が「全固体電池」だというぞ。リチウムイオン電池は中身に液体の電解質が使われているが、それを固体にしたものだそうだ。この電池だと充電時間が3分の1に短縮され、走行距離も伸びるというな。これまでは何度も充電すると性能が落ちるという問題があったようだが、その克服に向けて開発を進めているというから楽しみだぞ。

※現在、中国では1000km走るEVや10分の充電で600km走行可能な充電器が開発されたという。

17 リニアモーターカーを動かすのはニオブチタンの超電導磁石！

リニアって時速500キロ以上出るんだね。

出るぞ、超電導磁石を使って走らすからの。正式には「リニアモーターカー」だな。「リニア」とは直線的とか一直線に進む意味だそうだ。確かにリニア中央新幹線は直線的に走るイメージだの。

車体はアルミニウム合金らしい（**図1参照**）。

ニオブチタン合金（**ニオブNb・チタンTi**）**などを用いた**「**リニアモーター**」というのは、**ふつうのモーターが回転式なのに対して直線上に引き延ばしたもの**です（**図2参照**）。どうやって進むのかですが、簡単にいうと軌道の役割を持つガイドウェイ（壁）の内側に推進コイルと浮上案内コイルを並べて設置します。**リニアモーターカーの側面には超電導磁石が搭載**されています。**車体が高速で通過していくときに推進コイルと浮上案内コイルに電流が流れます**。そうすると**N極とS極で発生する磁界間に引き上げる力**（**吸引力**）**と反発する力**（**反発力**）**が生じて10㎝ほど浮上し、前進する**わけです（**図3参照**）。

ふ～ん。なんかあんな大きな車体が浮いて走るなんてイメージするのはむずかしいけどなあ。

しかし、電導ではなく超電導というくらいだから、何か特別な現象が起こっているのかのう。

超電導とは電気抵抗がゼロになる現象をいいます。ある金属物質が一定温度以下になるとその現象が生じるのですが、このときに**超電導物質のコイルに電流を流すと、電流はコイルを永久に流れ続けます**（**図4参照**）。しかも**強力な磁界を発生させる**のです。リニアはこうした強力な超電導磁石を搭載することで、**ガイドウェイに設置された地上コイルとの磁気の相互力によって浮上**し、走り続けるわけです。

ビュ――ン

図2　普通のモーターとリニアモーター

リニアモーターは一般的な回転式モーターを直線上に引き延ばしたモーター。

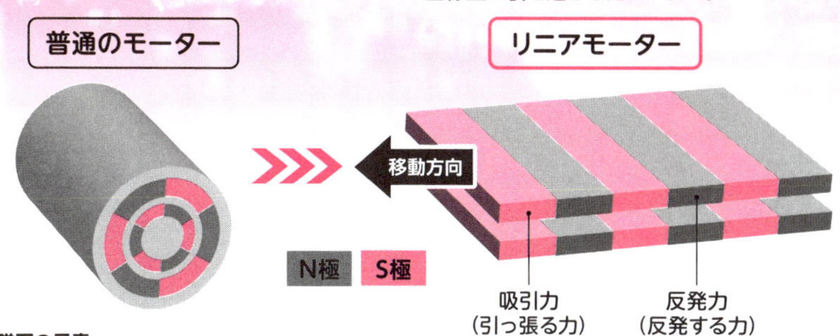

超電導磁石の元素
ニオブチタン（ニオブNb・チタンTi）・液体窒素N・液体ヘリウムHe

図3　リニアモーターカーの浮上の原理

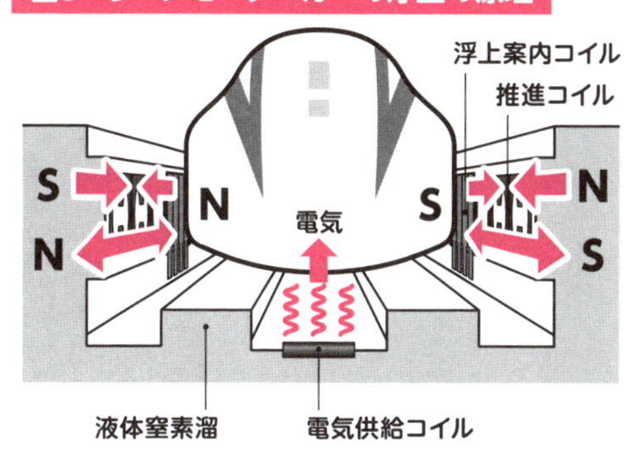

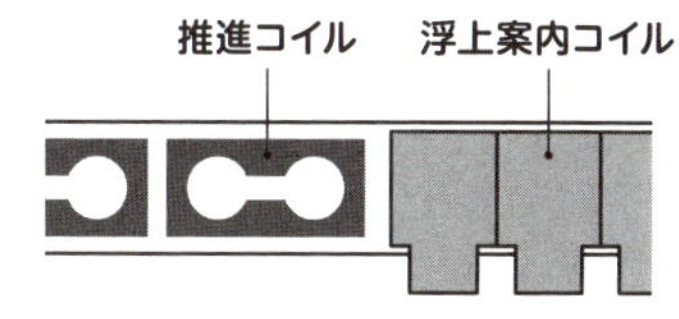

ガイドウェイ（壁）は軌道の役割を持ち、その内壁に推進コイルと浮上案内コイルを並べる。リニア車体の側面に超電導磁石が搭載されており、車体が高速で通過するときに浮上案内コイルと推進コイルに電流が流れる。そのためにN極とS極の磁界間に引き上げる力（吸引力）と反発する力（反発力）が発生して10cmほど浮上し、前進する。

車載冷凍機
液体窒素溜
液体ヘリウム溜
液体窒素
液体ヘリウム
輻射シールド板
超電導コイル
内槽容器
荷重支持材
外槽

図4　超電導磁石の仕組み

超電導とはある金属物質が一定温度以下になると電気抵抗がゼロになる現象。その状態で超電導物質のコイルに電流を流すと、電流は強力な磁界を発生させながら超電導コイルを永久に流れ続ける。

資料：https://www.linear-museum.pref.yamanashi.jp/about/structure.html#001

図1　リニアモーターカーの車体

車体の元素
アルミニウムAlを主成分に、銅Cu・マンガンMn・ケイ素Si・マグネシウムMg・亜鉛Zn・ニッケルNiを加えた合金。

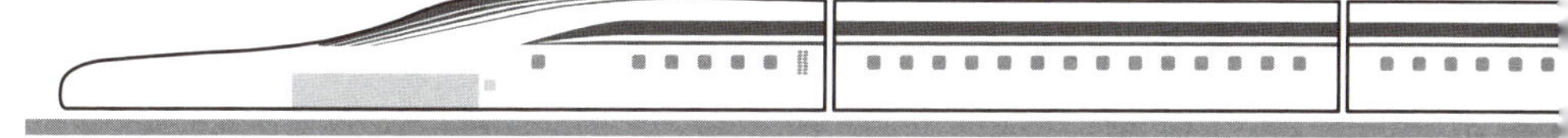

18 レース用ディンギーヨットの船体はグラスファイバーとカーボンファイバー！

♫波をきる♫風をきる～スウイスイスイスイ～
はやいぞはやいぞ♪進むぼくのヨット～

エヘへ、僕がつくった歌「あらヨット！」だ。

何だそりゃ。だが、どうしてヨットの歌なんかつくったんだ？

憧れのヨットを操縦したかったからだよ。

ヨットを操縦したいとな。おやおや、どういう風の吹き回しだ？　だが、ヨットにもいろいろと種類があるな。にゃん太の乗りたいヨットはどんな種類なのかな？

え～～ホント!?　ヨットって種類がたくさんあるの？

「YACHT」とは英語圏では帆があるかどうかは関係なく、個人所有の大型艇やレースや遊び用の船のことをいうようです。ですが、**日本では帆のある船のことをヨット**といいます。大きく分けると「セーリングクルーザー」「セーリングディンギー」「キールボート」の3種類です。

セーリングクルーザーは外洋航行可能な船。セーリングディンギーはキャビン（船室）がなく、**おもにレースやクルージングを楽しむ船。キールボートはこの2種類の中間の大きさ**で、船底にキール（センターボード）を備えていますが、キャビンはないか制限されている船です。

日本では3種類の中でもヨットというとセーリングディンギーをイメージすることが多いかもしれません。船体の各部にはおもに**グラスファイバー（ガラス繊維の強化プラスチック＝FRP）**、**マストにはカーボンファイバー（炭素繊維のFRP）を使用**。どちらも軽くて頑丈だからヨットにぴったりの素材です。次ページでディンギーヨットの艤装（ぎそう）とその種類を確かめてみてください。

ディンギーヨットの艤装と元素

船体の素材

グラスファイバー/FRP (Fiber Reinforced Plastic)はガラス繊維を使用した繊維強化プラスチック。

FRPの元素：アルミニウムAl・酸素O(酸化アルミニウム)

ガラス繊維の元素：ケイ素Si・酸素O

マストの素材

カーボンファイバー(炭素繊維)/

元素：炭素C

(石油やアクリル系繊維を炭化して製造)

帆(セール)の素材

ポリエステル(合成繊維)/

元素：炭素C・水素H・酸素O

註:FRPはGRP(Glassfiber Reinforced Plastic)と同義語。

資料：望月修著『眠れなくなるほど面白い 図解premium すごい物理の話』(日本文芸社刊)

ディンギーヨットレース

470級ディンギーヨット

スナイプ級ディンギーヨット

左：全長470cmのため「470級(よんななまる級)」と呼ぶ。3枚のスピンセールを出して風下へ帆走。大学生の学連艇種。

右：スナイプ級は470級より艇速差が出にくいためにレース戦術が重要とされる。大学生から実業団まで使われる艇種。

写真：2点とも同志社大学体育会ヨット部

レーザー級ディンギーヨット3種類

規格や艇形が国際的に統一され、もっとも普及しているレース用ディンギーヨット。大きさによって3種に分かれる。

資料：https://psjpn.co.jp/ja/laser/

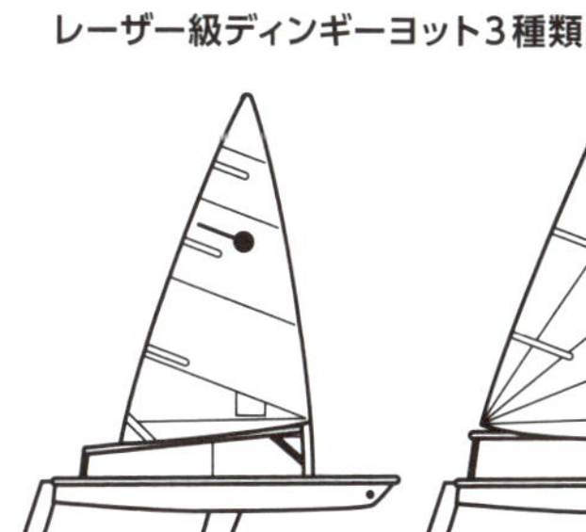

Laser4.7

最小艇(おもにジュニア)

セール4.70m²

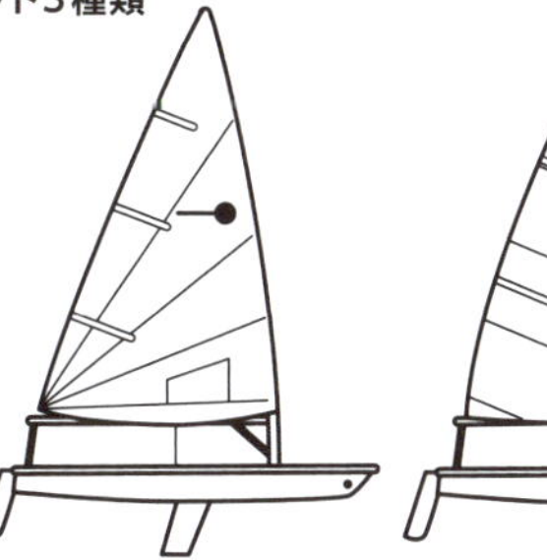

Laser Radial

中間艇(おもに女子やユース)

セール5.76m²

Laser Standard

最大艇(おもに男子)

セール7.06m²

ヨット、かっこいいなあ！
テレビでヨットレースを
見たけど
僕もやりたいのだ。

19 ジェット旅客機に不可欠なのは超々ジュラルミン！

ねえねえ、わん爺。わん爺は飛行機に乗ったことある？

もちろんあるぞ。

へえ、ホントかな？　乗ったなんて、どうせ荷物室にポイって置かれていただけでしょ。

何をいう。ファーストクラスで「お犬様」と、そりゃ下にも置かない王様扱いだったぞ。

ウソばっかり！

ハハハハハ。まぁ、残念ながらまだ乗ったことはないな。

ヤッパリ！　でも、飛行機って、あんな重いものがどうして空を飛べるのかな？

ふつうの飛行機には**主翼、水平尾翼、垂直尾翼**が付いています。主翼は揚力を生むためですが、主翼後縁の外側に機体の横揺れ**（ローリング）**を安定させる外側補助翼**（エルロン）**が設置されています。水平尾翼は縦揺れ**（ピッチング）**を安定させるため、垂直尾翼は上下軸中心の片揺れ**（ヨーイング）**を安定させるための翼です。

飛行機が飛行しているときは、**進むための「推力」、後ろに戻そうとする「抗力」、機体を持ち上げようとする「揚力」、落とそうとする「重力」**が働いています。ということは、**抗力より推力がまさっていれば進み、重力より揚力がまさっていれば浮く**ということになります。その推力はジェットエンジンが生み出します。揚力は主翼の仕事です。**主翼は飛んでいるときに下面より上面の圧力が小さくなるように設計されています。**そのため**上と下で圧力に差が生まれ、圧力の小さなほうに主翼が吸い寄せられます。**それが**揚力**です。

そうして、安定飛行のために主翼、水平尾翼、垂直尾翼などでコントロールしているわけです。

飛行機にかかる力

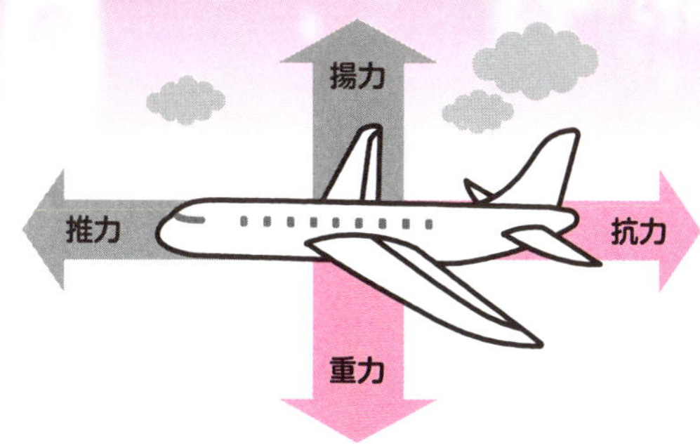

抗力より推力が強く、重力より揚力が大きければ、
飛行機は浮いて飛行する。

ジェット旅客機の素材と元素

機体の素材
アルミニウム合金（高強度アルミ合金＝超々ジュラルミンA7075※。総重量の約70％）・ステンレス鋼（約15％）・チタン&プラスチック（約5％）など。

素材の元素
超々ジュラルミンA7075（アルミニウムAl・銅Cu・マンガンMn・ケイ素Si・マグネシウムMg・亜鉛Zn・ニッケルNiなど）、ステンレス鋼（鉄Fe・クロムCr・ニッケルNiなど）、チタンTi、プラスチック（炭素C・水素H・酸素O）

※超々ジュラルミンはアルミニウム合金の中で最強度。日本産業規格で〝A7075〟と呼ばれる。

ジェットエンジンの素材と元素

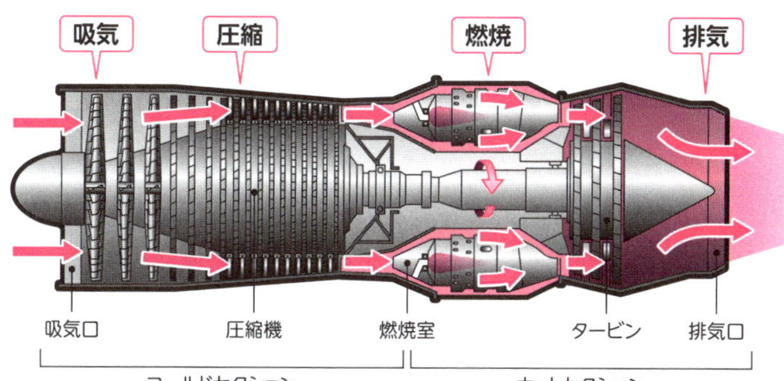

ジェットエンジンとは「ガスタービンエンジン」のことで、圧縮機・燃焼室・タービンで構成されている。作動の基本サイクルを「ブレイトンサイクル」というが、これは断熱圧縮・等圧加熱・断熱膨張・等圧冷却で構成される熱力学サイクルのこと。作動は圧縮機で高めた圧力と排気圧力（大気圧）の比が大きいほど熱効率は大きくなる。そのため上空では大気圧が低くなるので効率が高まる。

ジェットエンジンの素材と元素
チタンTi・チタン合金（アルミニウムAl・クロムCr・鉄Fe・マンガンMn・モリブデンMo・バナジウムVなど）・ニッケル基耐熱合金（ニッケルNi・クロムCr・モリブデンMo・銅Cu・鉄Fe・コバルトCoなど）

資料：望月修著『眠れなくなるほど面白い　図解premium すごい物理の話』（日本文芸社刊）

ところで現代の飛行機は超々ジュラルミンというアルミニウム合金の板でできているんだの。その板で飛行機の形をつくるそうだが、基本枠組みと床面・壁面・屋根面を6面体で仕上げるモノコック構造だという。しかも軽い。実物の重さを100gほどの模型にすると、その重さはなんと21gだというからの。

うむ。

飛行機に乗るのが夢。
わん爺、いつか乗ろうね！

20 花火が発する色は元素が化学反応した「炎色反応」だ！

花火っていいね。僕、花火を見てるとなんか悩みを忘れるような気がするんだ。

おっ、にゃん太にも悩みがあるのか。これは驚きだぞ。

バカにしちゃいけません。僕にも悩みはあるんです。

ほう、どんな悩みかな。

たとえば……そうだ！　今日、何食べようか……とかさ。

なんだそりゃ。まぁ、わん爺も花火は好きだがな。何か命の一生を感じるの。尺玉のように大きく華麗に花開いて消えていく奴、線香花火のように静かに光を飛ばし、最後に玉になってポトっと落ちるような奴、なんてな。

何いってんだか。

ハハハハハ、ちょっと格好を付け過ぎたわい。

現在、**日本でのいちばん大きい花火は四尺玉で、直径800mの花が開きます**。この大きさは当時のギネス記録になりました。家庭用は別として、花火は夜、と思われるかもしれませんが、**分類としては打ち上げ花火と仕掛け花火、昼用と夜用、信号用と観賞用があり、観賞用は玉の大きさで分けられています（表参照）**。

また、花火にはいろいろな色がありますが、たとえば、**白色はアルミニウムAi化合物とマグネシウムMg化合物、深紅色はストロンチウムSr化合物、橙赤色はカルシウムCa化合物、黄色はナトリウムNa化合物、黄緑色はバリウムBa化合物、青緑色は銅Cu化合物**が使われているという具合です。

ついでにいうと、家庭で楽しむ線香花火の火薬元素は木炭C・硫黄S・硝酸カリウム（カリウムK・窒素N・酸素O）からできています。

花火の元素

白色/アルミニウムAi・マグネシウムMg、赤色系/ストロンチウムSr・カルシウムCa、黄色/ナトリウムNa、緑色系/バリウムBa、青色系/銅Cu

元素が炎色反応で出す色の例

1族	リチウムLi⇨赤色　ナトリウムNa⇨黄色 カリウムK⇨赤紫色
2族	マグネシウムMG⇨白色 カルシウムCa⇨橙赤色 ストロンチウムSr⇨深紅色 バリウムBa⇨黄緑色
11族	銅Cu⇨青緑色
13族	ホウ素B⇨緑色　アルミニウムAl⇨白色 ガリウムGa⇨青色　インジウムIn⇨藍色

註:「族」は元素周期表で元素同士の性質が似ているものの括り。1族から18族まである。58～59ページ「元素周期表」参照。

打ち上げ花火の諸元

日本では古来の尺貫法で花火の大きさを表す習慣がある。3号玉を三寸玉、以後、順に四・五・六・七・八寸玉となり、10号から尺玉となって、順に二尺玉(20号)・三尺玉(30号)・四尺玉(40号)と呼ぶ。

ドドーン

花火は「炎色反応」を利用する。たとえば各元素の化合物を炎に反応させると色が出現する。これを炎色反応というが、花火の色出しはこの化学反応を利用する。

	3号	4号	5号	6号	7号	8号	10号	20号	30号	40号
玉の直径(実寸・cm)	8.5	11.5	14.2	16.7	20.5	23.5	29.5	58.5	88.5	120
玉の重量(kg)	0.2	0.5	1.3	2.0	3.0	4.8	8.5	70	280	420
打ち上げ高度(m)	120	160	190	220	250	280	330	500	600	800
開花時直径(m)	60	130	170	220	240	280	320	480	550	800

資料:http://japan-fireworks.com/basics/size.html

21 宝石が輝くのは元素がマグマ内で競って魔術を使うため？

あっ、あの人もそうだ。あれ、あの人もだ。

にゃん太、いったいどうしたんだ？

いや、あのね。すれ違う女の人が首とか指とかにキレイな石みたいなものを付けているでしょ。あの石って何なのかなって思ったんだよ。

なんだ、そんなことが気になったのか。あれは宝石だよ。

えっ、宝石？　それって何なの？

にゃん太は宝石を知らないのか。まぁ、ネコには縁がないからの。そうだ、ほれ、02の項目で**「鉱物はマントルによる圧力や高温でいろいろな結晶を形成する高圧型鉱物（宝石）へと変化します」**と元素ナビが教えてくれていただろ。

ふ～ん、そうか、あれがマントルでできる宝石なのか。

にゃん太も、ようやく実物を見て宝石を実感したというわけだの。

宝石は高圧型鉱物です。**地中でのマントルは高温高圧がかかった固体**ですが、そのマントルが上昇すると**圧力が下がって液体のマグマになります。**マグマが冷えてくると岩石が生じるのですが、そのときに**ある種の成分がにじみ出て集まり、**それが**冷えると宝石になる**のです。

マグマが冷えて**結晶化してできる宝石は、サファイア、ルビー**など。マグマ作用による**熱水液でできるのはアメシスト、エメラルド**など。**環境変化で既存鉱物がさらに変性してできるのがガーネット、ラピスラズリ**など。**鉱物が再循環する際に雨水などに反応して生じるのがオパール、トルコ石（ターコイズ）**など。そして**高温高圧の中で結晶化したのがダイヤモンドやペリドット**です。

主な宝石と元素を次ページで紹介しておきます。

おもな宝石の元素

ガーネット（柘榴石）

カラーチェンジガーネットが存在し、色は茶色・オレンジ・ピンク・赤・青緑と多様。産出地はアフリカ、マダガスカルなど。

元素：カルシウムCa・マグネシウムMg・鉄Fe・マンガンMn・アルミニウムAl・クロムCr

ダイヤモンド（金剛石）

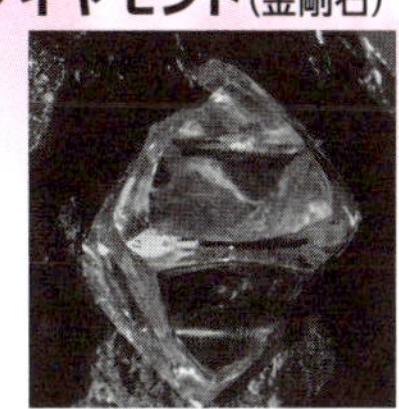

ほかの宝石とは異なり、元素は炭素のみ。黒鉛（グラファイト）、フラーレンとは同素体。天然の鉱物としてはもっとも硬い。産出地はロシア、ボツワナ、カナダ、コンゴ、南アフリカ、アンゴラなど。

元素：炭素C

トルコ石（ターコイズ）

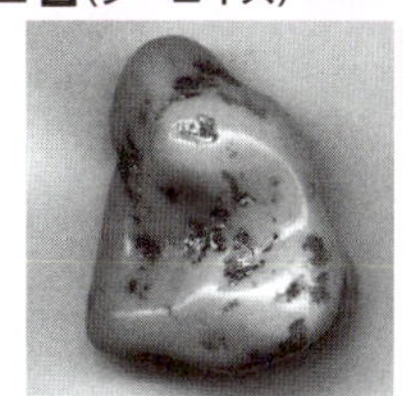

純粋なトルコ石は鮮やかな青色。不純物に鉄Feを含むと緑色になる。トルコ石の語源はペルシャ（現イラン）で採掘された石が、トルコ経由でヨーロッパに伝わったため。産出地はイラン、イスラエル、アメリカ、中国など。

元素：銅Cu・アルミニウムAl・リンP・酸素O・水素H

ヒスイ（ジェイド）

ヒスイは古代の中国では「玉」と呼ばれ、金より珍重された。ヒスイには硬玉（ジェーダイド）と軟玉（ネフライト）があり、硬玉の産出地はミャンマー、グアテマラ、アメリカ、ロシア、カザフタン、日本では新潟県糸魚川市姫川流域が有名である。軟玉は中国、ニュージーランド、アメリカなどが産出地。写真はヒスイでつくられた小杯。

元素：ケイ素Si・アルミニウムAl・ナトリウムNa・酸素O。そのほかマグネシウムMg・カルシウムCa・鉄Fe・チタンTiなどが含まれることもある。

サファイア（蒼玉・青玉）

無色か半透明だが、中には赤色類や青色類、紫色類に緑色、橙色、褐色に黒色なども採掘される。ミャンマー、スリランカ、ナイジェリアなどが産出地。

元素：アルミニウムAl・酸素O

オパール（蛋白石）

ふつうは乳白色のものが多いが、中には不純物としてアルミニウムAiやカルシウムCa・鉄Feに少量の水分が含まれるものがあり、それが色彩の元となる。産出地はオーストラリア、メキシコなど。

元素：ケイ素Si・酸素O・水素H

スピネル（尖晶石）

無色か半透明だが、中には赤色類や青色類、紫色類に緑色、橙色、褐色に黒色なども採掘される。ミャンマー、スリランカ、ナイジェリアなどが産出地。

元素：マグネシウムMg・アルミニウムAl・酸素O

アメシスト（紫水晶・紫石英）

写真は古代ローマ皇帝カラカラを彫った宝石彫刻。日本では「アメジスト」と呼ばれることが多いが、正確には「アメシスト」。産出地はブラジル、ウルグアイ、スリランカ、マダガスカル、中央アフリカ、ザンビアなど。

元素：ケイ素Si・酸素O

22 人間の体の99％は11種類の元素でできている！

最後の質問だよ。宇宙や太陽の元素、それに人のカラダの元素を聞いておこう。

宇宙は水素Hがほぼ71％、ヘリウムHeがほぼ27％、あとは酸素O、炭素C、ネオンNe、窒素Nなどがだいたい2％というな。太陽は水素95％、ヘリウムがほぼ4・8％、ほかは酸素、炭素、ネオン、窒素らしいぞ。

じゃあ、次の人のカラダは？

うーむ、ほとんど11種類の元素でできているという。これは元素ナビに聞いてみよう。

人体の約99％は11種類の元素でできています。すべてリストアップすると36種類ともいいますが、**図1**でまずその11種類、**図2**ではそのほかの微量元素などを表に示しました。

11元素の中には、とくに**生命活動に不可欠な元素が6種類**あります。**炭素C、水素H、窒素N、酸素O、リンP、硫黄S**です。この**6元素でほぼ97％強**になります。6つの元素は人間だけではなく、微生物を含めてすべての生命に不可欠なものです。**残りはカルシウムCa、カリウムK、ナトリウムNa、塩素Cl、マグネシウムMgが2％強あり、**こうした元素はおもに体内の水に溶け込みイオン※として生命活動の重要な役割を果たしています。

へえ～そうなんだ。

少量でも生命活動に重要なものが含まれています。よく知られているカルシウムは骨をつくる重要な元素ですね。

また、11種類以外の1％弱には微量・超微量元素が24種類もあります。中には必須の元素もありますが、そうではないような元素もあるようで、それがどういう作用をするのか研究が待たれているのです。

※イオン＝原子が電気を帯びた状態。原子の種類を元素という。原子は原子核と電子で構成され、原子核には陽子と中性子があり、その原子核の周りを電子が飛び回る。陽子はプラスの電気、電子はマイナスの電気を帯びている。

図1 人の体をつくる最重要11種類の元素

（体重70kgの男性）

多量元素

	元素名	体重含有量と割合	体内での作用
酸素	O	45.5kg/65%	体内で生命維持に必要なエネルギー代謝で利用される主要物質。
炭素	C	12.6kg/18%	炭素はほかの元素と結合（炭素化合物）できるため、生命活動に適す。
水素	H	7kg/10%	タンパク質・核酸・水などを構成するほか、エネルギー産生の主要物質。
窒素	N	2.1kg/3%	体をつくるアミノ酸やタンパク質・核酸などの主要物質。
カルシウム◉	Ca	1.05kg/1.5%	骨や歯の主要な物質であり、細胞分裂・分化、筋肉収縮などに関与。
リン◉	P	0.7kg/1%	骨や歯の形成に不可欠な物質で、細胞膜や核酸など重要物質の材料。

少量元素

	元素名	体重含有量と割合	体内での作用
硫黄◉	S	175g/0.25%	毛髪や爪、皮膚など生成するタンパク質合成の役割。
カリウム◉	Ca	140g/0.2%	細胞内液の浸透圧の調整や心臓機能や筋肉機能、酵素反応の調節など。
ナトリウム◉	Na	105g/0.15%	細胞外液の浸透圧の調整により、細胞外液量の保持などの役割。
塩素◉	Cl	105g/0.15%	胃酸の成分のほか、体液の浸透圧を維持するのに重要な役割。
マグネシウム◉	Mg	105g/0.15%	酵素を活性化するほか、骨の形成、筋肉の収縮や体温・血圧の調整。

註1:多量元素⇨体内存在量1%超、少量元素⇨体内存在量0.01〜1%、微量元素⇨体内存在量0.0001〜0.01%、超微量元素⇨体内存在量0.0001%未満

註2:◉印は必須ミネラル16種類で五大栄養素（ほかは糖質・脂質・タンパク質・ビタミン）の1つ。生命維持に必要な生理作用にかかわる。

註3:IAEA（国際原子力機関）は1972年（昭和47年）に男性の標準人体（体重70kg）の体内に存在する元素は36種類と発表している。ただし、次ページの表にリストアップされている水銀、セレン、ヒ素、バナジウムは含まれず、代わりに臭素Br、金Au、セシウムCs、ウランU、ベリリウムBe、ラジウムRaが加えられている。

註4:微量元素と超微量元素は資料により種類や体内含有量に違いが見られる。

資料：『元素118の新知識』桜井弘編（講談社ブルーバックス）、『Newton完全図解周期表　第二版〜ありとあらゆる「物質」の基礎がわかる〜』、「標準人間（体重70kg）の元素組成」IAEA（国際原子力機構）

人のカラダには酸素や炭素、水素がすっごく多いんだね。

だいたい人間の体の体重のほぼ60%が水だというぞ。H_2Oだの。水分は細胞内や血液、リンパ液の中にあるそうだ。炭素も重要だ。タンパク質や脂肪、筋肉に皮膚の主要な元素になる。もちろん、この3元素はにゃん太や爺にも、植物なんかにも多く含まれているというな。

図2　残り1%弱に含まれる微量元素10種類と超微量元素14種類

微量元素	記号名	体重含有量	体内での作用
鉄◉	Fe	6g	ヘモグロビンに含まれ、おもな働きは全身に酸素を運搬する役割。
フッ素	F	3g	歯から溶出したカルシウムやリンの再石灰化の促進し、歯の表面を強化。
ケイ素	Si	2g	細胞間の結合組織を強化し、細胞や血管を強化。骨の成長や皮膚生成に必須。
亜鉛◉	Zn	2g	酵素の構成、ホルモン合成、核酸合成、タンパク質合成、免疫反応の調節など。
ストロンチウム	Sr	320mg	骨芽細胞の分化と骨形成の促進のほか、骨代謝や骨量減少などを防ぐ。
ルビジウム	Rb	320mg	アルカリ金属元素の1つで体の細胞内液に蓄積するが、有毒ではないとされる。
臭素	Br	200mg	生理機能は不明だが、中毒すると皮膚や粘膜に発疹などを引き起こす。
鉛	Pb	120mg	生体の発育・成長など生命機能を維持するための重要な元素。
マンガン◉	Mn	100mg	骨の発育に必須なミネラル。また糖脂質代謝・皮膚代謝などの酵素反応に関与。
銅◉	Cu	80mg	体内で酵素となり、活性酸素の除去や骨形成の役割。

超微量元素	記号名	体重含有量	体内での作用図形
アルミニウム	Al	60mg	通常人体に含まれる量では無害だが、過剰摂取では腎臓や膀胱に影響。
カドミウム	Cd	50mg	長期に大量に摂取すると腎臓障害、骨や関節の障害、貧血症状を呈す。
スズ	Sn	20mg	スズの体の中の存在量は微量のため有害にはならないとされる。
バリウム	Ba	17mg	放射線造影剤の硫酸バリウムには健康被害報告がないとされる。
水銀	Hg	13mg	有機水銀は「水俣病」の原因となるが、無機水銀はほとんど無害とされる。
セレン◉	Se	12mg	組織細胞の酸化を防ぐ抗酸化作用に働くとされる。
ヨウ素◉	I	11mg	甲状腺ホルモンの主原料。甲状腺ホルモンは新陳代謝を促進。
モリブデン◉	Mo	10mg	血液内の鉄不足時に肝臓貯蓄の鉄を運搬し、造血を促進。
ニッケル	Ni	10mg	鉄の吸収促進や各種酵素の活性化、色素代謝促進などにかかわるとされる。
ホウ素	B	10mg	生化学的な機能は未解明だが、カルシウム代謝などに役割を持つとされる。
クロム◉	Cr	2mg	ホルモンのインスリンに作用し、血糖値を下げる重要な役割。
ヒ素	As	2mg	海藻などにヒ素含有量が高いが、ほぼ無毒の有機ヒ素化合物が多いため無害。
コバルト◉	Co	1.5mg	赤血球やヘモグロビンを生成するときに鉄の吸収を促進する役割があるとされる。
バナジウム	V	不明	血糖値や血圧降下、脂質代謝や動脈硬化の防止などに効果的とされる。

PART2

にゃん太、「元素」118種類を知る

元素周期表

周期表の元素にはグレーの色部分、ピンクの色部分、白の部分があるよね。グレーの部分は非金属元素、ピンクの部分は金属元素、白の部分は詳しい性質がよくわかっていない原子なんだって。

まだあるよ。常温の状態20℃で、点線で囲んでいる元素は気体、黒線で囲んでいる元素は液体、ピンクの線で囲んでいる元素は固体だよ。地球には固体元素が多いんだね。

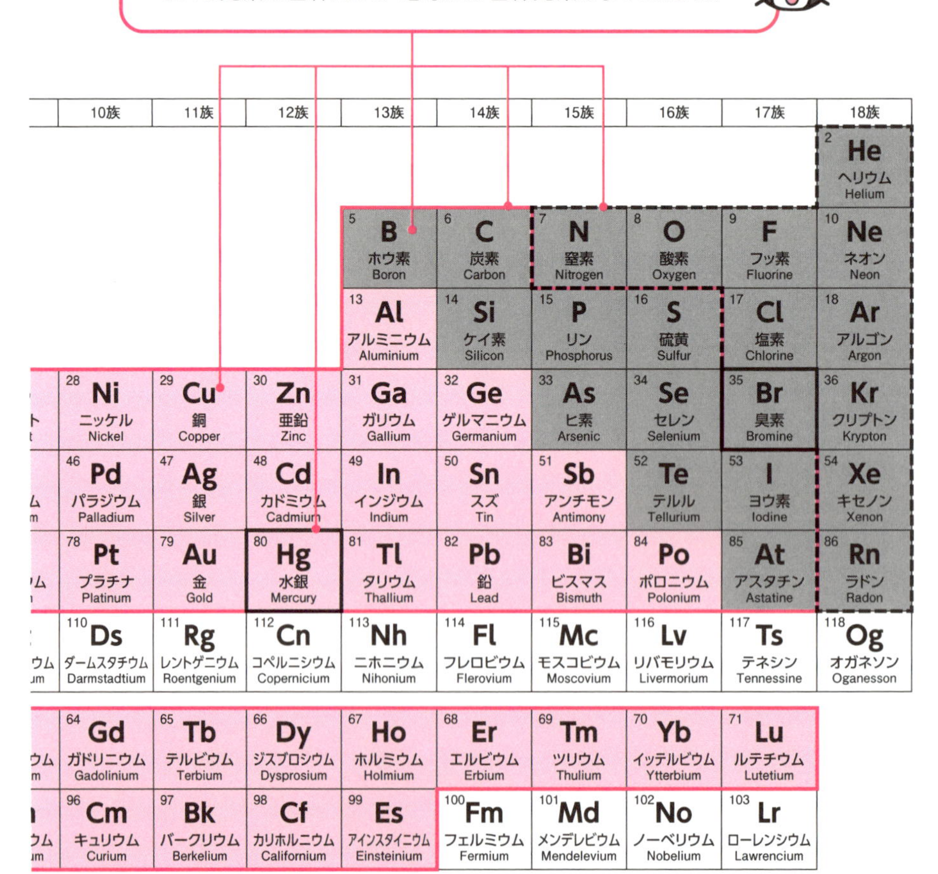

10族	11族	12族	13族	14族	15族	16族	17族	18族
								2 He ヘリウム Helium
			5 B ホウ素 Boron	6 C 炭素 Carbon	7 N 窒素 Nitrogen	8 O 酸素 Oxygen	9 F フッ素 Fluorine	10 Ne ネオン Neon
			13 Al アルミニウム Aluminium	14 Si ケイ素 Silicon	15 P リン Phosphorus	16 S 硫黄 Sulfur	17 Cl 塩素 Chlorine	18 Ar アルゴン Argon
28 Ni ニッケル Nickel	29 Cu 銅 Copper	30 Zn 亜鉛 Zinc	31 Ga ガリウム Gallium	32 Ge ゲルマニウム Germanium	33 As ヒ素 Arsenic	34 Se セレン Selenium	35 Br 臭素 Bromine	36 Kr クリプトン Krypton
46 Pd パラジウム Palladium	47 Ag 銀 Silver	48 Cd カドミウム Cadmium	49 In インジウム Indium	50 Sn スズ Tin	51 Sb アンチモン Antimony	52 Te テルル Tellurium	53 I ヨウ素 Iodine	54 Xe キセノン Xenon
78 Pt プラチナ Platinum	79 Au 金 Gold	80 Hg 水銀 Mercury	81 Tl タリウム Thallium	82 Pb 鉛 Lead	83 Bi ビスマス Bismuth	84 Po ポロニウム Polonium	85 At アスタチン Astatine	86 Rn ラドン Radon
110 Ds ダームスタチウム Darmstadtium	111 Rg レントゲニウム Roentgenium	112 Cn コペルニシウム Copernicium	113 Nh ニホニウム Nihonium	114 Fl フレロビウム Flerovium	115 Mc モスコビウム Moscovium	116 Lv リバモリウム Livermorium	117 Ts テネシン Tennessine	118 Og オガネソン Oganesson
64 Gd ガドリニウム Gadolinium	65 Tb テルビウム Terbium	66 Dy ジスプロシウム Dysprosium	67 Ho ホルミウム Holmium	68 Er エルビウム Erbium	69 Tm ツリウム Thulium	70 Yb イッテルビウム Ytterbium	71 Lu ルテチウム Lutetium	
96 Cm キュリウム Curium	97 Bk バークリウム Berkelium	98 Cf カリホルニウム Californium	99 Es アインスタイニウム Einsteinium	100 Fm フェルミウム Fermium	101 Md メンデレビウム Mendelevium	102 No ノーベリウム Nobelium	103 Lr ローレンシウム Lawrencium	

元素周期表には「族」と「周期」があって、族はタテ列、周期はヨコ列だね。族はタテに並んでいる元素が似た性質を持っているし、周期はヨコに並んだ元素が似た性質を持っているんだ。元素は「**典型元素**（てんけいげんそ）」と「**遷移元素**（せんいげんそ）」に分けられて、1族、2族、12〜18族はタテのみが似ている性質で典型元素、3〜11族はタテとヨコが似た性質を持っているから遷移元素と呼ぶんだ。

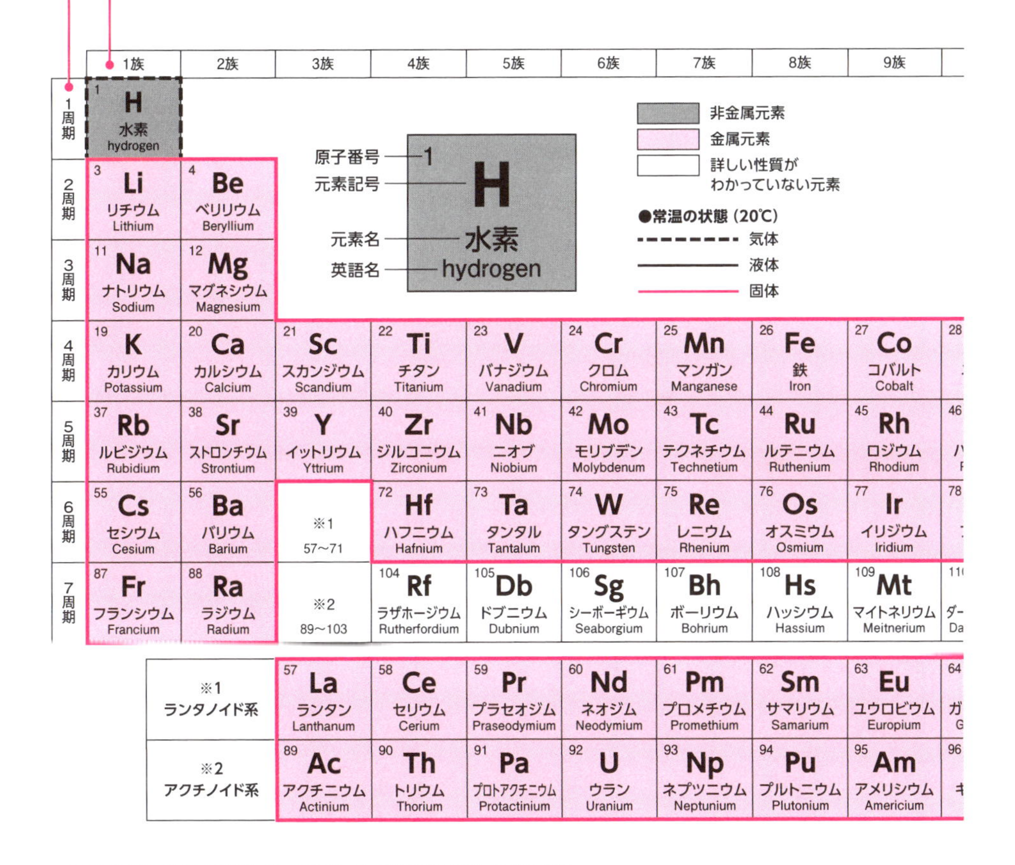

	1族	2族	3族	4族	5族	6族	7族	8族	9族
1周期	1 H 水素 hydrogen								
2周期	3 Li リチウム Lithium	4 Be ベリリウム Beryllium							
3周期	11 Na ナトリウム Sodium	12 Mg マグネシウム Magnesium							
4周期	19 K カリウム Potassium	20 Ca カルシウム Calcium	21 Sc スカンジウム Scandium	22 Ti チタン Titanium	23 V バナジウム Vanadium	24 Cr クロム Chromium	25 Mn マンガン Manganese	26 Fe 鉄 Iron	27 Co コバルト Cobalt
5周期	37 Rb ルビジウム Rubidium	38 Sr ストロンチウム Strontium	39 Y イットリウム Yttrium	40 Zr ジルコニウム Zirconium	41 Nb ニオブ Niobium	42 Mo モリブデン Molybdenum	43 Tc テクネチウム Technetium	44 Ru ルテニウム Ruthenium	45 Rh ロジウム Rhodium
6周期	55 Cs セシウム Cesium	56 Ba バリウム Barium	※1 57〜71	72 Hf ハフニウム Hafnium	73 Ta タンタル Tantalum	74 W タングステン Tungsten	75 Re レニウム Rhenium	76 Os オスミウム Osmium	77 Ir イリジウム Iridium
7周期	87 Fr フランシウム Francium	88 Ra ラジウム Radium	※2 89〜103	104 Rf ラザホージウム Rutherfordium	105 Db ドブニウム Dubnium	106 Sg シーボーギウム Seaborgium	107 Bh ボーリウム Bohrium	108 Hs ハッシウム Hassium	109 Mt マイトネリウム Meitnerium

※1 ランタノイド系	57 La ランタン Lanthanum	58 Ce セリウム Cerium	59 Pr プラセオジム Praseodymium	60 Nd ネオジム Neodymium	61 Pm プロメチウム Promethium	62 Sm サマリウム Samarium	63 Eu ユウロピウム Europium
※2 アクチノイド系	89 Ac アクチニウム Actinium	90 Th トリウム Thorium	91 Pa プロトアクチニウム Protactinium	92 U ウラン Uranium	93 Np ネプツニウム Neptunium	94 Pu プルトニウム Plutonium	95 Am アメリシウム Americium

囲みの中の「原子番号」や各「元素」については、60ページの「**元素データの見方**」で確かめてね。

元素データの見方

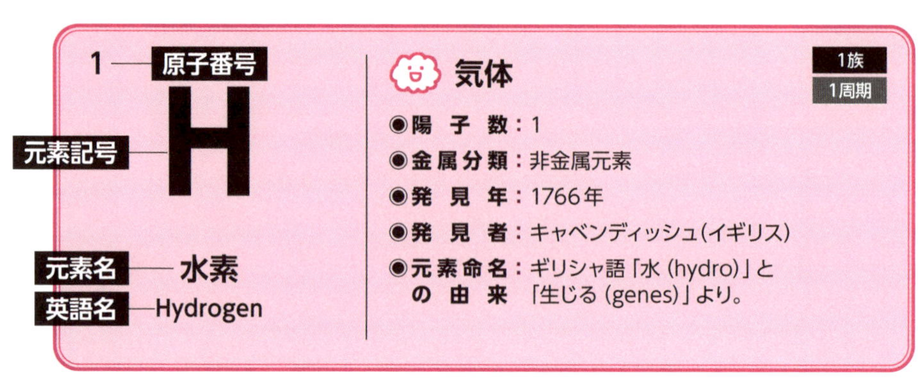

元素には「固体」「液体」「気体」があるからそれぞれのマークをつくったよ。
は固体、は液体、は気体だね。
例に出した水素は気体だ。

元素とは物質をつくっている基本的な成分のことで、それ以上分割できない要素で原子の種類をいうんだね。原子は物質を構成する極小の粒子だ。その中には「原子核」と原子核の周りを回るマイナス電荷の「電子」があり、原子核の中にはプラス電荷の「陽子」、電荷を持たない「中性子」がある。電子の数と陽子の数は同じ数だけあるよ。

原子番号とは原子核の中にある陽子の個数のことだ。原子番号＝陽子数だね。それから陽子の数が同じでも中性子の数が違う原子を「同位体」と呼ぶんだ。参考までに次ページに「水素の同位体」の図を入れておくよ。

ウランの電子配置図

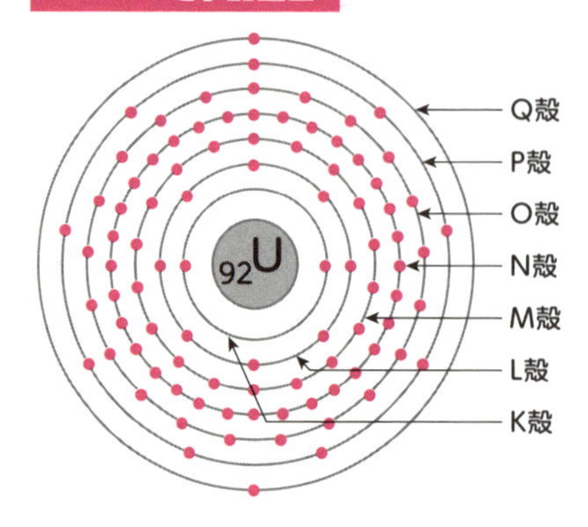

原子のモデル図

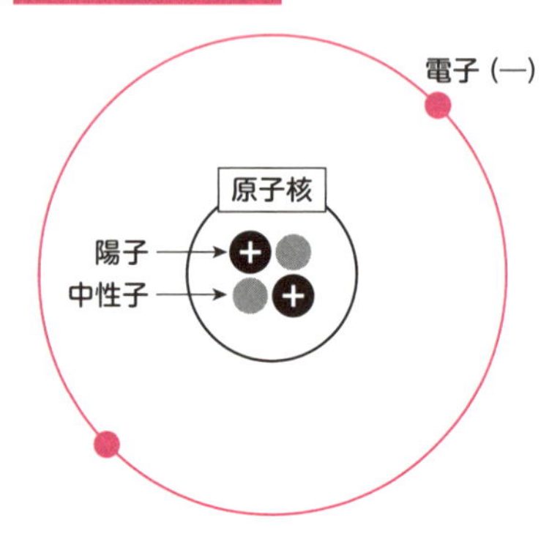

原子は「原子核」とその周りを回るマイナス電荷の「電子」で構成されている。原子核の中にはプラス電荷の「陽子」、電荷を持たない「中性子」がある。

水素の同位体

モデル図			
陽子の個数	1	1	1
中性子の個数	0	1	2
質量数※	1	2	3
名称	水素	重水素デューテリウム	三重水素トリチウム

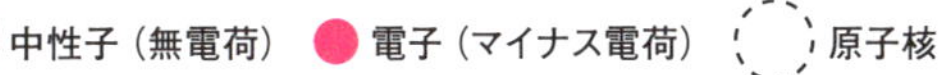

陽子（プラス電荷）

中性子（無電荷）

電子（マイナス電荷）　原子核

※質量数は陽子の個数+中性子の個数。

原子核の周りには陽子と同じ数の電子が回っているよ。電子は「電子殻」という球面で構成され、電子の数は内側からK殻（2個）、L殻（8個）、M殻（18個）、N殻（32個）と定員が決まっているんだって。元素によってどの電子殻まで電子が入るのかは違うんだけど、いちばん外側の電子殻は「**最外殻**（さいがいかく）」って呼ばれるそうだ。N殻がある場合はN殻が最外殻だね。それで、最外殻の定員に電子が入っていっぱいになると、原子はもっとも安定するというよ。

電子殻のモデル図

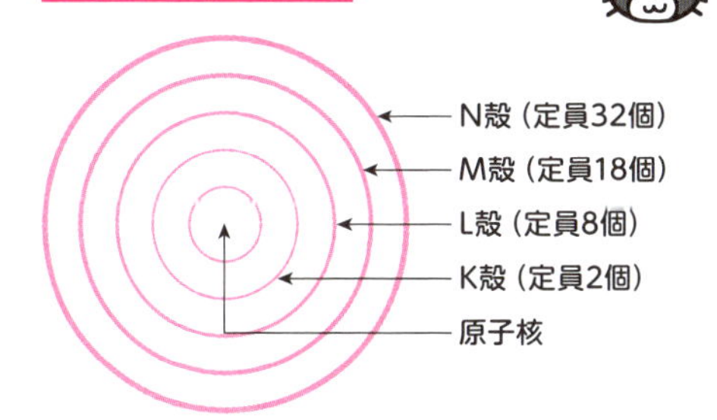

図の場合はN殻が最外殻電子となる。例を出すと、1族の水素は原子数が1個なのでK殻が最外殻になり、電子数は1個。17族の塩素の原子数は17個なので電子数も17個あり、最外殻はM殻となる。

天然の物質の元素は周期表の92までだよね。それ以降118までは人工元素だ。天然ものでいちばん原子番号の多いのはウラン（U）の92だから、当然電子数も92になる。すると、電子はK殻（定員2個）・L殻（定員8個）・M殻（定員18個）・N殻（定員32個）・O殻（定員21個）・P殻（定員9個）・Q殻（最外殻・定員2個）の配置で原子核の周りを回るというよ。

同じ族の元素は似たもの同士だけど、それって電子数が同じだからで、その化学的性質は最外殻の電子の数が左右するんだって。

1

H

水素
Hydrogen

気体

1族
1周期

◉陽子数：1
◉金属分類：非金属元素
◉発見年：1766年
◉発見者：キャベンディッシュ（イングランド）
◉元素命名の由来：ギリシャ語「水（hydro）」と「生じる（genes）」より。

水素は宇宙が誕生したときに最初にできた元素なんだ。水素の数は宇宙全体で約９割、質量ではいちばん軽い元素だから約７割。宇宙で最多の元素だね。

太陽だって、７割以上は水素らしい。太陽は水素が核融合反応を起こして光と熱を出している太陽系の親玉だ。地球でもいろいろな元素と結びついているね。たとえば水素元素２個と酸素元素１個が合体するとH_2Oで水になる。地球表面の３分の２は水圏だというから、すごい量だ。

最近では燃料として脚光を浴びているよ。ロケットや燃料電池車の燃料だ。水素と酸素を混合させた気体に火をつけると爆発的に燃えるからすごいエネルギーになるんだね。

水素で
宇宙へ！

2

He

ヘリウム
Helium

気体

18族
1周期
貴ガス

◉陽子数：2
◉金属分類：非金属元素
◉発見年：1868年
◉発見者：ロッキャー（イングランド）
◉元素命名の由来：ギリシャ語「太陽（helios）」より。

ヘリウムも水素と一緒で宇宙ができたときに最初にできた元素なんだ。原子の数だって水素の次に多いよ。だから、水素とヘリウムの質量を合わせると、宇宙の98％にもなるというからすごい量だ。軽さも水素に次いで２番手だ。でも、地球上ではわずかしか存在しないらしいから、なんか不思議。

そんな水素とヘリウムでまったく違うのは、水素は発火して爆発しやすいけど、ヘリウムは不燃性だってこと。そんな特長があるから、ヘリウムは気球や飛行船を浮かべるガスとして利用されているんだ。それだけじゃないよ。リニアモーターカーやMRI（磁気共鳴画像装置）で使われる超電導磁石の冷却材としても使われているんだね。

飛ぶ～う！

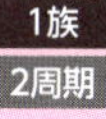

3

Li

リチウム
Lithium

固体

◉陽子数：3
◉金属分類：金属元素
◉発見年：1817年
◉発見者：アルフェドソン（スウェーデン）
◉元素命名の由来：ギリシャ語「石（lithos）」より。

リチウムもヘリウムも水素と一緒で宇宙誕生のときに最初にできた金属元素だよ。それに金属元素ではいちばん軽いんだ。何せアルミニウムの5分の1の重さだし、柔らかさだって相当なものなんだって。

ところで、リチウムと聞けばすぐに思い出すのが電池だよね。「リチウムイオン電池」、軽くて容量も大きく、充電ができる二次電池だから、スマホやノートパソコンなどのモバイル機器、ハイブリッド車やEV（電気自動車）の電源として使われているのはみんなが知っていることだ。

忘れてはならないのが花火だね。「炎色反応」で赤色を出すということで、火薬に入れられているというよ。

花火の赤はリッチうむ

4

Be

ベリリウム
Beryllium

固体

◉陽子数：4
◉金属分類：金属元素
◉発見年：1828年
◉発見者：ウェラー（ドイツ）、ビュッシー（フランス）
◉元素命名の由来：鉱石「緑柱石（りょくちゅうせき）（beryl）」より。

ベリリウムの単体は軽くて硬い銀白色の金属なんだって。でも、腐食しにくいのはいいとして、人のカラダには毒性があるというよ。ベリリウムは緑柱石から産出されるんだけど、不純物によって色が生じると、その色の違いでエメラルドやアクアマリンなどの宝石になっちゃうそうだ。

それから銅にベリリウムを加えてベリリウム銅という合金にすると、銅合金の中では剛性が高くて電気を通すから、電子機器や自動車のサスペンション素材とか、飛行機のエンジン部分や宇宙船などでも使われているんだ。ほかにもX線の透過装置に利用されているし、スピーカーの反射板に使うと音域が高音まで再生できるので重宝されているらしいよ。

乗り心地グレードアップ

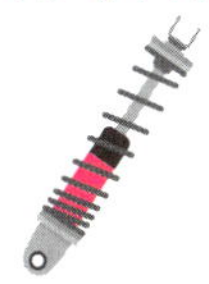

5

B

ホウ素
Boron

固体

13族
2周期

◉陽子数：5
◉金属分類：非金属元素
◉発見年：1892年
◉発見者：モアッサン（フランス）
◉元素命名の由来：アラビア語「ホウ砂（buraq）」より。

耐火性にすぐれているのがホウ素なんだ。それにとっても硬いし軽い。ガラスにホウ素を混ぜると透明になり、耐熱性にすぐれているから熱湯を入れても形も変わらないんだね。それで化学の実験用ビーカーやフラスコ、ティーポットなどに利用されている。

「いちばん嫌いな昆虫は？」と聞かれたら、もしかしたら「ゴキブリ」と答える人が多いかもしれない。その嫌いなゴキブリ退治にホウ素が一役買うというよ。家庭でもつくれる「ホウ酸団子」だ。ホウ酸を小麦粉に砂糖や玉ねぎを混ぜてつくった団子だね。ホウ素のオキソ酸がホウ酸で、だいたい無色か白色の粉末状物質。殺菌効果が高いから目の洗浄薬などの医薬品にも使われているよ。

6

C

炭素
Carbon

固体

14族
2周期

◉陽子数：6
◉金属分類：非金属元素
◉発見年：18世紀？
（ただし有史以前から存在を認識）
◉発見者：特定発見者なし。1752年ごろブラック（スコットランド）が二酸化炭素発見
◉元素命名の由来：ラテン語「木炭（carbo）」より。

炭素、といわれたら化学用語だからとっつきにくいかもしれないね。だけど、人はそんな言葉を知らなくても有史以前から木炭として使ってきた。いまでは科学利用としての価値が高く、たとえば炭素のみで構成されたナノチューブは、密度がアルミニウムの半分程度の軽さなのに同じ重量の鋼鉄よりほぼ20倍の強度があるし、電流密度耐性は銅の1000倍だし、熱伝導性だって銅よりもすぐれているんだね。だから、自動車や飛行機の機体なんかにも使われている。

身近なものでは、鉛筆の芯は黒鉛で炭素の単体だし、ダイヤモンドも炭素の単体でできているね。成分元素が同じなのに、物質として異なるものを「同素体」というんだね。

7

N

窒素
Nitrogen

気体

15族
2周期

◉陽子数：7
◉金属分類：非金属元素
◉発見年：1772年
◉発見者：ラザフォード（スコットランド）
◉元素命名の由来：ギリシャ語「硝石（nitre）」と「生じる（genes）」より。

窒素は空気のほぼ78％を占める気体だって。その性質は無味無臭で、常温では不活性ガス、高温では酸素と化合するんだ。それに沸点がすごく低くてマイナス196℃と極低温だから、液体窒素はフリーズドライなどの冷却剤として重宝されているし、血液の凍結など細胞の保存などにも利用されている。極低温だから顔のシミなんかに液体窒素を付着させて凍結するシミ取りにも効果抜群だよ。

人のカラダにも重要な元素で、体重の3％を占めているらしいね。筋肉や骨、血液などを構成するタンパク質は20種類のアミノ酸からなっているけど、そのうちの9種類は必要量を体内で合成できないから、食事で取るしかないんだね。食事は大切だぁ！

8

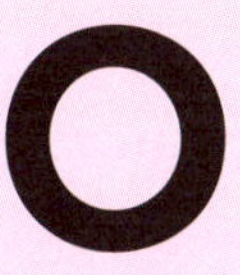

酸素
Oxygen

気体

16族
2周期

◉陽子数：8
◉金属分類：非金属元素
◉発見年：1771年
◉発見者：シェーレ（スウェーデン）
プリーストリー（イングランド）
◉元素命名の由来：ギリシャ語「酸（oxys）」と「生じる（genes）」より。

酸素はいちばん身近にある元素だね。空気中の体積では窒素の78％に次いで21％ほど含まれていて、呼吸には欠かせない気体だ。でも、原始地球では酸素がほとんどなく、大気の96％が二酸化炭素だった。ところが、シアノバクテリアという細菌が海中に溶けた二酸化炭素と太陽光から酸素を生み出したんだね。この細菌はいまでも海水や淡水、極限環境などいろんなところに分布しているよ。

酸素はほかの元素と反応して酸化物をつくるよね。水や二酸化炭素、一酸化炭素なんかそうだし、燃焼にも酸素が必要だ。鉄などがサビたりするのも酸素のせいだし、カラダに活性酸素が発生すると気道や肺にダメージを与える「酸素中毒」にもなるんだね。

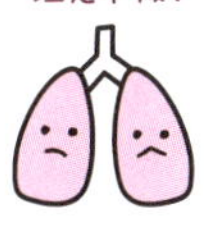

9

F

フッ素
Fluorine

気体

17族
2周期

- ◉陽子数：9
- ◉金属分類：非金属元素
- ◉発見年：1886年
- ◉発見者：モアッサン（フランス）
- ◉元素命名の由来：ラテン語「ホタル石（fluorite）」より。

フッ素、といえばフライパンのコーティングをイメージするかもしれない。フッ素はすご～く反応性が高い元素で、いろんな元素と反応してフッ素化合物をつくる。ただしヘリウムとネオンを除いて、という特性があるけどね。「電気陰性度が高く、立体的には小さいが、炭素とは強力に結合する」ということで、熱に強く水や油をはじく。だから、フッ素樹脂はフライパンや鍋のコーティングに利用されている、というわけ。

生活でおなじみなものには歯磨き粉もあるよ。フッ素は歯の再石灰化を効率よく進める力があるし、口内は食べ物で酸性化してカルシウムが溶け出すけど、フッ素はそれを抑える力があるから虫歯予防にもなるんだね。

10

Ne

ネオン
Neon

気体

18族
2周期
貴ガス

- ◉陽子数：10
- ◉金属分類：非金属元素
- ◉発見年：1898年
- ◉発見者：ラムゼー（スコットランド）
トラバース（イングランド）
- ◉元素命名の由来：ギリシャ語「新しい（neos）」より。

18族のヘリウム・ネオン・アルゴン・クリプトン・キセノン・ラドンの6元素は「貴（希）ガス」と呼ばれているんだ。地表や大気中に含まれる量がとっても少ないから、そう呼ばれているんだね。みんな無味無臭無色で、常温では気体として存在しているんだって。

「ネオン」と聞けば思い浮かぶのは、ネオンサインかな。ガラス管の中にネオンを封入し電圧をかけると電子が放電されて赤色が発光するんだね。ところが、最近ではネオン管が消防法や環境汚染に関係して規制対象になった。それに高電圧で割れる心配もあって取扱注意。そのためにネオン管に替わるものとして、ガラス管を使わないLEDネオンサインのニーズが高くなってきたというよ。

Neon
街を彩る
ネオンサイン

COLUMN❷

貴ガスとは何だ!?

元素を見ていると、ときどき「貴ガス」という文字が目につくの。もともとこのガスは18族の6つの元素のことで、かつては「希ガス」と書かれていた。それが「貴」に変更されたのは、2005年にIUPAC（国際純正・応用化学連合）の勧告によって英語呼称が〝rare gas〟から〝noble gas〟に改められたためだ。レア＝希⇨ノーブル＝貴になったから、いわば言葉の格上げかもしれん。

まぁ、それはともかく、ほかの元素と区別するような呼び方には訳がある。先に「希」が付けられたのは、以前には18族元素の分離や抽出が困難だったうえに天然での存在量が少ないと思われていたからだ。ところが、原子番号18のアルゴンは地球大気に存在量が多い。よって「希」は不正確ということになった。

では、「貴」はどうか。18族の元素は貴金属（noble metal）への反応性が低い元素だった。それが由来というが、実際にはほかの元素との反応性も低い。原子核の周囲をまわる最外殻の電子が定員いっぱいに入っているためだ。

たとえば、水素は酸素と反応して水（H_2O）になる。水素の最外殻はK殻（61ページ「電子殻のモデル図」参照）で電子が1個入っているが、定員は2個。だから、ほかの元素と反応する。ヘリウムの最外殻もK殻だが、定員どおり電子が2個入っている。これを「閉殻」といい、足りない電子をほかの原子からもらったり、余っている電子をほかの原子にわたしたりしない。

18族ヘリウムの下のネオンは最外殻がL殻で電子の定員8個を満たしているが、下のアルゴンは最外殻M殻定員が18個なのに8個しかない。下に順に位置するクリプトン・キセノン・ラドン・オガネソンの最外殻も8個だ。これらの元素は最外殻の定員を満たしていないが、最外殻8個の電子状態は「オクテット」と呼ばれて、閉殻と同様に非常に安定性が高いという。だから、ほかの元素と反応しにくい。よって、孤高たる「貴ガス」と呼ばれるのかもしれんのう。

11

Na

ナトリウム
Sodium

固体

1族
3周期

◉陽子数：11
◉金属分類：金属元素
◉発見年：1807年
◉発見者：デービー（イングランド）
◉元素命名の由来：アラビア語「ソーダ（suda）」より。

ナトリウムというと、すぐに思い浮かぶのが食塩、つまり塩化ナトリウムだね。詳しい人はベーキングパウダーや固形石鹸、ガラス、胃薬、スポーツドリンクなどに利用されていることを知っているかも。また、水に触れると水素ガスを発生して反応熱で爆発するけど、このとき炎色反応で黄色い炎を出すよ。

カラダにとってもナトリウムは重要な元素で、神経や筋肉の働きにかかわっているから欠かしてはならない無機質だ。無機質とは酸素・炭素・水素・窒素以外のものでミネラルのこと。ミネラルは100種類以上あるけど、必須とされるものはナトリウム・マグネシウム・リン・硫黄など16種あって体内に存在しているよ。実際に目にするものではトンネル内部の黄色いランプ、これがナトリウムランプだね。

12

Mg

マグネシウム
Magnesium

固体

2族
3周期

◉陽子数：12
◉金属分類：金属元素
◉発見年：1755年
◉発見者：ブラック（スコットランド）
◉元素命名の由来：ギリシャの地名「マグネシア（magnesia）」より。

マグネシウムも身近な元素だね。豆腐を固めるのに使うのは「にがり」。その主成分が塩化マグネシウムだ。草や木の葉緑素の光合成にも必要不可欠な元素で、「クロロフィル」の中心的な要素として働いているんだって。

実はマグネシウムも軽い金属元素で、1位リチウム、2位カリウム、3位ナトリウム、4位ルビジウム、5位カルシウムに次いで、6位にランクインしているね。そのうえマグネシウム合金は強度が高いからノートパソコンなど電子機器の外装に使われているんだ。ただし、サビやすいからコーティングしてサビを防ぐ必要があるというのが欠点かな。

燃えやすくて、火に近づけると酸素とくっついてブアーッと燃えるんだよ。

13

Al

アルミニウム

Aluminium

固体

13族
3周期

◉陽子数：13
◉金属分類：金属元素
◉発見年：1825年
◉発見者：エルステッド（スウェーデン）
◉元素命名の由来：ミョウバンを古代ギリシャ&ローマで呼ぶ「アルメン（alumen）」より。

生活になじみ深いのがアルミニウム。家庭で使われている鍋や缶の素材、硬貨では1円玉なんて100%アルミニウムだ。

アルミニウムって地殻の中では酸素、ケイ素に次いでたくさんあるし、金属元素としては最多だって。特性には、「高い通電性」「高い熱伝導率」「非磁気性」「無毒性」「高い加工性」「高いリサイクル性」「非腐食性」などがあるというよ。そんなアルミニウムだから、自動車や電車の車体、建築物、医療器具ほか、以外なところでは胃潰瘍の薬としても利用されているんだね。

甘く見ると
1円に泣く!

また、銅と比べると同重量でほぼ2倍の電流を流せるから高電圧送電線にも使われたりしてすごく利用価値が高いそうだよ。

14

Si

ケイ素

Silicon

固体

14族
3周期

◉陽子数：14
◉金属分類：非金属元素
◉発見年：1824年
◉発見者：ベルツェーリウス（スウェーデン）
◉元素命名の由来：ラテン語「硬い石（silicis、silex）」より。

半導体といえば代表的な元素がケイ素。ケイ素とは「シリコン」のことだよ。ところで、「半導体」っていったい何だろう。まず「導体」、これは電気を通す意味。電気を通しにくいのは「不導体（絶縁体）」。そんな2つの特性を持っているのが半導体。要するに半分は不導体で半分は導体ということだね。

こんなおもしろい物質を使わない手はないということなのか、1958年にアメリカでIC（半導体集積回路）が開発された。そのICをたくさん集積したものがLSI（大規模集積回路）。本来の意味は、半導体＝物質、集積回路＝部品のこと。そんな半導体がいまのエレクトロニクス時代を支えているし、ケイ素はまた太陽電池の材料としても重要だというよ。

15

P

リン

Phosphorus

固体

15族
3周期

◉**陽　子　数**：15
◉**金属分類**：非金属元素
◉**発　見　年**：1669年
◉**発　見　者**：ブラント（ドイツ）
◉**元素命名の由来**：ギリシャ語「光（phos）」と「運ぶもの（phoros）より。

リンはカラダの必須ミネラルの1つだね。体内でいろんな化合物をつくるんだけど、その80%ぐらいはリン酸カルシウムやリン酸マグネシウムとして骨や歯の成分になるし、残りは筋肉や細胞膜、細胞外液に存在しているというよ。遺伝情報に必要なDNAなどにも含まれていて重要な役割を果たすんだ。

また、賛否があるようだけど、血液の中でリンの濃度が低下すると糖尿病や高血圧の発症する危険性があるとの研究報告もあるんだって。リンはタンパク質の多い食べ物に含まれているから、魚やレバーなどの魚肉類、乳製品や卵を食べるといいんだそうだ。

身近ではマッチの発火剤、肥料にも使われているね。

16

S

硫黄

Sulfur

固体

16族
3周期

◉**陽　子　数**：16
◉**金属分類**：非金属元素
◉**発　見　年**：不明
◉**発　見　者**：不明
◉**元素命名の由来**：サンスクリット語「火の素（sulvere）」由緒のラテン語「硫黄（sulpur）」より。

非金属元素の硫黄は固体で水に溶けにくく電気や熱も伝えにくいそうだけど、120℃ぐらいに熱すると赤褐色の液体になるというよ。硫黄の特徴といえばいろんな金属と化合して硫化物をつくるほか、水素と反応すると、温泉の典型的な臭い「硫化水素」を発生するね。卵の腐ったような臭いだ。炭素と反応すると無色で揮発性の液体「二硫化炭素」となってセロハンやレーヨンをつくるときの溶剤として利用されるんだって。

ゴムタイヤには硫黄も必要らしいよ。タイヤの強度アップに不可欠な炭素に硫黄を混ぜてつくられているのがタイヤだそうだ。マッチや火薬、医薬品の原料にも使われているし、硫黄には多様な利用価値があるんだね。

17

Cl

17族
3周期

気体

◉陽子数：17
◉金属分類：非金属元素
◉発見年：1774年
◉発見者：シェーレ（スウェーデン）
◉元素命名の由来：ギリシャ語「黄緑色（chloros）」より。

塩素
Chlorine

塩素は毒性があるけど、強力な殺菌力があるから水道水やプールなどの消毒剤として利用されているね。ほかにも食器や衣服の漂白剤として使われているんだ。ただし、危険な物質でもあるよ。家庭用漂白剤には、トイレ用の酸性タイプ、油汚れ用のアルカリ性タイプ、除菌と漂白に適した塩素系タイプがあるけど、酸素系と塩素系を混ぜると有毒な塩素ガスが発生するから、「まぜるな危険」と表示されているんだね。そういえば、塩素ガスは第一次世界大戦で毒ガスとして使われていた。使い方を間違うととんでもないことになるから気をつけてください。

まぜるな
危険！

でも、塩素は食塩になるし、食品用のラップに利用されるなど利用価値は高いんだね。

18

Ar

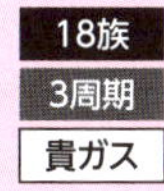

気体

◉陽子数：18
◉金属分類：非金属元素
◉発見年：1894年
◉発見者：レーリー（イングランド）
◉元素命名の由来：ギリシャ語「怠け者（argos）」より。

アルゴン
Argon

アルゴンの語源ってギリシャ語の「怠け者」だっていうけど、どうしてそんなレッテルを貼られたんだろうね。でも、アルゴンは空気中では窒素や酸素に次いで多くて、およそ1%あるんだって。このアルゴンは頑固者で、どんな状況にあってもほかの物質と反応しない「完全不活性」ガスだというので使い用がないのかな、と思ったら蛍光灯に注入されているんだ。28ページで紹介しているように蛍光灯のガラス管に水銀ガスと一緒に封入されていて、電気が流れると可視光線に変換されて光るんだ。

そのほかにも溶接の酸化を防ぐし、住宅で断熱性を高めるために使われている二重構造ガラスにアルゴンが封入されているんだね。

19

K

カリウム

Potassium

固体

1族
4周期

◉陽子数：19
◉金属分類：金属元素
◉発見年：1807年
◉発見者：デービー（イングランド）
◉元素命名の由来：アラビア語「アルカリ（qali）」より。

必須ミネラルのカリウムはカラダに120～200gぐらい含まれているんだって。リン酸塩やタンパク質などと結合して細胞内にあるというよ。だから、カリウム濃度が低下すると困ったことになる。筋力の低下はもちろん筋肉がケイレンしたり引きつったり、しまいには麻痺したり不整脈を起こしたりすることもあるらしい。

植物だって窒素やリンと同じで絶対必要だ。学校で「チリカ」と覚えるかもね。チ＝窒素、リ＝リン、カ＝カリウムで植物の三大必須栄養元素だ。光合成や酸素と二酸化炭素の出入りを担う気孔の開閉にも、細胞の中での浸透圧や酵素機能の維持にも不可欠なんだね。また、カリウム化合物はマッチや黒色火薬、石鹸にも使われているんだよ。

チッソ
リン
カリウム

20

Ca

カルシウム

Calcium

固体

2族
4周期

◉陽子数：20
◉金属分類：金属元素
◉発見年：1808年
◉発見者：デービー（イングランド）
◉元素命名の由来：ラテン語「石灰（calx）」より。

カルシウム、と聞けばなんてったって骨を思い出すよね。とにかく骨格をつくるために必要不可欠な元素だから、不足すると十分に骨が形成されなくなるわけ。高齢の女性に発症しやすい骨粗鬆症（こつそしょうしょう）もカルシウム不足が原因の1つだ。

骨だけでなく、必須ミネラルのカルシウムは筋肉の収縮やイライラの解消にも役立っているそうだ。ところが、リンを過剰に取るとカルシウムの吸収を邪魔するらしい。逆にカルシウムを過剰に取ると、今度は鉄分などほかのミネラルの吸収を妨げるらしい。だから食べ物は偏らずに効率よく取ることが大切になるんだね。

カルシウムはセメントに必要だし、凍結防止剤、保温剤、チョークにも使われているよ。

-Ca
骨折り損

21
Sc
スカンジウム
Scandium

固体

3族
4周期

◉陽子数：21
◉金属分類：金属元素
◉発見年：1879年
◉発見者：ニルソン（スウェーデン）
◉元素命名の由来：ラテン語「スウェーデン（scandia）」より。

スカンジウムは「レアアース（希土類）」と呼ばれているよ。同じ3族で原子番号39のイットリウムのほか、ランタノイドの仲間で原子番号57ランタン〜71ルテチウムまでの17元素がレアアースだ。そのスカンジウムは軽くて柔らかい金属だけど、地殻中での存在量が少ない元素だから高価なんだって。そのためにあまり化合物に応用する開発研究が進んでいないというね。

じゃあ何に使われているかというとランプだという。ランプといっても家で吊り下げるようなものじゃないよ。スカンジウムを利用した光が太陽光に似ているからと野球場の夜間照明に抜擢されているんだ。また、アルミニウムに混ぜた合金は強度が高いから競技用自転車のフレームに使われているんだって。

22
Ti
チタン
Titanium

固体

4族
4周期

◉陽子数：22
◉金属分類：金属元素
◉発見年：1791年
◉発見者：グレゴール（イングランド）
クラプロート（ドイツ）
◉元素命名の由来：ギリシャ神話の巨人「タイタン（Titan）」より。

チタンはアルミニウムと並んですごく利用価値の高い金属元素なんだって。とにかくサビにくいし、強度が高くて軽量だし、耐熱性もあるうえになかなか腐食しないそうだ。だから、ゴルフクラブのヘッドやメガネのフレーム、いろんなアクセサリー、ほかにも人工関節や日本固有の建物の屋根材とか、腐食しにくいから海洋での建造物にも利用されているんだね。

それに酸素との化合物二酸化チタンは「光触媒効果」があるそうだ。紫外線が当たると汚れなんかを分解する特性があるから外壁用の塗料に適しているし、「親水性」もあるので水に溶けやすいうえに混ざりやすい。なのでトイレの床材に使われたりするそうだよ。

23

V

バナジウム
Vanadium

固体

5族
4周期

◉**陽子数**：23
◉**金属分類**：金属元素
◉**発見年**：1801年（パンクロミウム）
⇨1830年（バナジウム）
◉**発見者**：デル・リオ（スペイン／パンクロミウム命名）、セフストレーム（スウェーデン／バナジウム命名）
◉**元素命名の由来**：スカンジナビア神話「愛と美の女神（Vanadis）」より。

バナジウムはなんと、あのホヤの血球細胞に含まれているんだって。そんなバナジウムはどんな食べ物に含まれているのかをチェックすると、昆布・ひじき・アサリ・シジミ・エビ・カニ・パセリ・レタス・マッシュルーム・牛乳・黒コショウなどがヒットしたよ。

ところで本来、バナジウムは耐食性と耐熱性の高い金属元素だ。だから単体では化学プラント用配管などに利用されるし、鉄との合金「バナジウム鋼」は原子炉のタービンの回転部に、工具としてはドリルやスパナ、レンチなどで使われている。また、チタンと合体したチタン合金は軽くて高強度なのでジェットエンジンや機体にと、その特性を活かしていろいろと使われているんだよ。

ホヤって
3000種！

24

Cr

クロム
Chromium

固体

6族
4周期

◉**陽子数**：24
◉**金属分類**：金属元素
◉**発見年**：1797年
◉**発見者**：ボークラン（フランス）
◉**元素命名の由来**：ギリシャ語「色（chroma）」より。

クロム、といわれてもピンとこないかもしれない。でも、ステンレスといわれればすぐにイメージできるかも。台所のシンクなどに使われているのがステンレス。ステンレスは主成分を鉄にクロムやニッケルほか、わずかに炭素を含ませた合金ステンレス鋼だ。クロムは摩擦やサビに強いのでメッキとして使われていて、ステンレスがサビにくいのも、このクロムのおかげだ。だから、精密機器の部品や自動車の装飾部分（ガーニッシュ）などのメッキにも使われているそうだよ。

意外なものでは、エメラルドやルビーにも微量なクロムが含まれているんだ。エメラルドが緑色なのはクロムやバナジウムによるし、ルビーの赤色はクロムによるというよ。

僕がいて
色が出る

25

Mn

マンガン
Manganese

固体

7族
4周期

◉陽子数：25
◉金属分類：金属元素
◉発見年：1774年
◉発見者：ガーン（スウェーデン）
◉元素命名の由来：ラテン語「磁石（magnes）」より。

マンガンは地殻の中では鉄に次いで広く存在している金属なんだ。硬さは鉄より上だけれど、何せもろいし、酸にも溶けやすい。

そんなマンガンの文字を目にするとしたら、「マンガン乾電池」かもしれないね。といっても、いまではマンガン乾電池より「アルカリ乾電池」のほうが一般的だけど、そのアルカリ乾電池にもマンガンは使われている。だから、正式には「アルカリマンガン乾電池」。この乾電池は、マンガン乾電池より大容量の電気を流せるから、デジタルカメラやシェーバ、電動歯ブラシなんかに適しているんだって。

また、必須ミネラルのマンガンは発育や代謝にも不可欠だ。ただし、大量摂取は肝硬変や神経障害、パーキンソン病の原因になるともいうよ。

電池と
相性抜群

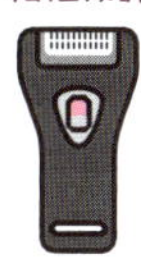

26

Fe

鉄
Iron

固体

8族
4周期

◉陽子数：26
◉金属分類：金属元素
◉発見年：不明
◉発見者：不明
◉元素命名の由来：ケルト系古語「聖なる金属」より。

とても身近な物質が鉄だね。地殻の中では酸素、ケイ素、アルミニウムに次いで多い元素だ。鉄は人類にとって貴重な金属で、歴史の好きな人は紀元前15世紀に出現したアナトリア（現トルコ）のヒッタイトで鉄がつくられていたことを知っているでしょう。

さて、そんな鉄は人の生活なくてはならない金属元素だね。鉄筋の建物、レール、いろんな乗り物の車体、家電や電子機器、家庭での鍋や缶に利用されていることはいうまでもないよね。まぁ、欠点はサビやすいことかな。鉄はカラダにとっても重要な必須ミネラルだ。赤血球に含まれていて、酸素を体内のすみずみまで運ぶ役割がある。減少すると貧血になって頭痛やめまいなどが起こるから要注意だよ。

ダントツだ！
重量感

27

Co

固体

9族

4周期

◉陽子数：27

◉金属分類：金属元素

◉発見年：1735年

◉発見者：ブラント（スウェーデン）

◉元素命名の由来：ドイツ民話「妖精コボルト（kobold）」、およびギリシャ語「鉱山（kobalos）」より。

コバルト

Cobalt

コバルトってすごく強い磁性を持っているんだ。その点は鉄と似ているね。ノートパソコンやスマホのリチウムイオン二次電池に利用されているし、磁石の原料にもなるけど、なんといっても合金にすることで硬度が高くなって頑丈になるというよ。コバルト合金にはニッケルにタングステンやチタン、クロムなど数種の物質と合わせたものがあるけど、どれも高温に強い耐熱合金になるんだ。特にコバルトクロム合金はガスタービンや歯科のインプラントなどに使われているそうだ。

それにカラダには不可欠な必須ミネラルだし、ビタミンB12の構成成分でもあるんだって。充血を抑える目薬にも利用されているほか、絵の具のコバルトブルーでもあるね。

28

Ni

固体

10族

4周期

◉陽子数：28

◉金属分類：金属元素

◉発見年：1751年

◉発見者：クローンステット（スウェーデン）

◉元素命名の由来：ドイツ語「銅の悪魔（Kupfernickel）」より。

ニッケル

Nickel

ニッケルの名前の由来は「銅の悪魔」というけど、これは鉱石から銅を採鉱しようとしたのに、よく似たニッケル鉱石があって銅採鉱に失敗したことがしばしばあったからというよ。採鉱業者の腹立たしさがなんとなく伝わってくる命名の由来だね。

ところで、ニッケルはサビを防ぐメッキの材料として活躍しているし、50円玉・100円玉・500円玉の素材になっているから、すごく身近な物質だ。それに台所のシンク素材のステンレス鋼には、ニッケルの生産量のほぼ65％が使われているんだって。ほかにも形状記憶合金の素材としてメガネフレームやMRI（磁気共鳴画像装置）などにもニッケルは利用されているというよ。

29

Cu

銅
Copper

固体

11族
4周期

◉陽子数：29
◉金属分類：金属元素
◉発見年：不明
◉発見者：不明
◉元素命名の由来：キプロス島（古代の銅の産出地）のラテン語「Cuprum」より。

銅も鉄と同様、古くから人類に利用されてきた元素で、やや赤みがある金属だ。青銅製の銅鏡は東アジアで使われていたけど、日本には弥生時代に中国や朝鮮半島から伝来した。でも、放っておくと緑青（ろくしょう）を吹いて鏡の役割を果たせなくなる。そこで、江戸時代の鏡の磨（と）ぎ師は「え〜鏡とぎやぁ！」なんて売り声を発しながら街中を歩いたんだね。実は江戸時代、日本が世界最大の銅産出国だった。いまではチリが1番で、ペルーが2番だけどね。

銅は金属では電気や熱の伝導率が銀の次。だから、銅鍋を愛用する料理家もいるし、電線なんかにも使われている。銅合金元素の種類は、青銅は銅・亜鉛・鉛・スズ（10円玉は鉛なし）、白銅は銅・ニッケル、黄銅は銅・亜鉛・ニッケルだよ。

30

Zn

亜鉛
Zinc

固体

12族
4周期

◉陽子数：30
◉金属分類：金属元素
◉発見年：1746年
◉発見者：マルクグラーフ（ドイツ）
◉元素命名の由来：ペルシャ語「石（sing）」、ドイツ語「フォークの先（Zink）」より。

亜鉛っていわれても、鉄や銅などと違ってどんな鉱物かイメージできないかもしれない。でも、消費量でいえば鉄やアルミニウム、銅に次いで多い金属なんだね。よく知られているのは、鉄板に亜鉛メッキをしたトタンかも。これは世界で共通の防サビ加工法だって。銅に亜鉛を混ぜた合金は真鍮（しんちゅう）で、これは金管楽器やバルブ、建築部品などに使われているそうだ。

人のカラダにとっても必須ミネラルの1つというよ。亜鉛不足は貧血や免疫力の低下、皮膚炎、認知機能にも障害が起こるかもしれないって。亜鉛は特に妊婦や高齢者に不足しがちだというから、魚介や肉、豆、野菜、藻類なんかよく食べなきゃダメなんだね。

31

Ga

ガリウム
Gallium

固体

13族
4周期

◉陽子数：31
◉金属分類：金属元素
◉発見年：1875年
◉発見者：ボアボードラン（フランス）
◉元素命名の由来：フランスのラテン語名「ガリア（Gallia）」より。

ガリウムは体温より低い温度で液体となるとても珍しい元素だって。低温だからガリウムに手で触れても安全だし、石鹸や温水で洗い流せるそうだ。また、仮にカラダの中に入っても危険性は低いらしい。

そんなガリウムの用途で代表的なものはLED（発光ダイオード）。LEDの色には赤色と黄緑色、青色があるけど、青色の開発がむずかしかった。その青色が窒素ガリウムを使うことで開発されたため、「光の三原色」赤色、緑色、青色のLEDを掛け合わせることができて太陽光と同じ白色光を出せたんだね。

また、半導体にガリウムを使えばシリコンより発熱が少ないからスマホやパソコンなどの電子機器に利用されているというよ。

32

Ge

ゲルマニウム
Germanium

固体

14族
4周期

◉陽子数：32
◉金属分類：金属元素
◉発見年：1886年
◉発見者：ビンクラー（ドイツ）
◉元素命名の由来：ドイツの古名「ゲルマニア（Germania）」より。

ゲルマニウムは地殻に広く分布している亜鉛鉱石に微量に含まれたレアメタルだ。ケイ素と同じように半導体物質で、以前には電子機器に使われていた。だけどケイ素のほうが半導体としての性能がすぐれているため、いまではケイ素に取って代わられたというよ。

ゲルマニウムには無機と有機があるけど、無機の四塩化ゲルマニウムは光ファイバーの添加剤、酸化ゲルマニウムはペットボトル製造時の触媒として利用されているんだって。ただ、無機ゲルマニウムは摂取するとカラダから排出されずに溜まってしまうから腎臓や末梢神経を障害するらしい。有機ゲルマニウムは鎮痛作用や抗炎症ほか、がんや慢性肝炎などに治療効果があるんだって。

33

As

ヒ素
Arsenic

固体

15族
4周期

◉陽子数：33
◉金属分類：半金属元素（金属と非金属性質を持つ）
◉発見年：1200年代
◉発見者：マグヌス（ドイツ）
◉元素命名の由来：ギリシャ語「黄色の色素（arsenikon）」より。

ヒ素、といえば「毒」。そんな感じがするよね。ヒ素は毒薬として昔から暗殺に使われてきた歴史があるし、日本では「石見銀山（いわみぎんざん）」といえばヒ素毒の代名詞だった。そんな怖いイメージのヒ素だけど、ヒジキやワカメ、コンブ、エビやカニなどの海藻・甲殻類にも含まれているんだって。

でも、ヒ素は殺虫剤や医薬品として効能を発揮する元素でもあるよ。中国では古くからヒ素化合物は制がん作用があるとされてきたし、ペニシリンができるまでは梅毒治療薬サルバルサン606号の成分として活用されたり、マラリアや慢性リウマチなどに使われてきた。特に1990年代になって亜ヒ酸が急性前骨髄球性白血病（AML）に効くことも明らかになったんだ。まさに「毒は薬なり」だね。

34

Se

セレン
Selenium

固体

16族
4周期

◉陽子数：34
◉金属分類：非金属元素
◉発見年：1817年
◉発見者：ベルツェーリウス（スウェーデン）
ガーン（スウェーデン）
◉元素命名の由来：ギリシャ神話「月の女神（Selene）」より。

セレンも必須ミネラルの1つなんだね。抗酸化作用があるから老化防止に役立つそうで、その効果はビタミンEの50～100倍だっていうよ。まぁ、シミの予防、がんの抑制、消炎作用などだけど、そんなセレンだから、欠乏したりすると成長障害を起こすし、貧血に関節炎や動脈硬化、肝臓にも悪影響を与えるんだって。

じゃあ、多く取ればいいのかというとそうじゃない。過剰摂取による副作用もあるんだね。胃腸障害、吐き気、皮膚や爪に異変が生じやすいし、重くなると心肺機能が障害されるかもしれないそうだ。また、セレンは光が当たると通電する性質があるから、それを利用してコピー機にも使われているそうだよ。

35

Br

臭素
Bromine

液体

17族
4周期

◉陽　子　数：35
◉金属分類：非金属元素
◉発　見　年：1825年
◉発　見　者：バラール（フランス）
◉元素命名の由来：ギリシャ語「悪臭（bromos）」より。

臭素も有毒なんだね。常温・常圧では赤褐色の液体で、揮発性があって刺激臭もあり、嫌な臭いを出す。この臭素、天然では単体として存在していないけど、海水や鉱床などに臭化物として多く分布しているそうだ。ただし、同じく海水中に存在する塩素に比べると、その量はとても少ないんだと。

こんな元素は何の役に立つのかというと、これが身近なところにあった。といっても、いまではカメラのほとんどはデジタルカメラになっているから利用頻度は少ないけど、写真用の感光材としての用途があったんだね。

また、臭素化合物は工業的に利用価値があり、難燃剤、医薬品、農薬、消火剤、消毒剤などに使われているというよ。

36

Kr

クリプトン
Krypton

気体

18族
4周期
貴ガス

◉陽　子　数：36
◉金属分類：非金属元素
◉発　見　年：1898年
◉発　見　者：ラムゼー（スコットランド）
　　　　　　　トラバース（イングランド）
◉元素命名の由来：ギリシャ神話
　　　　　　　「隠されたもの（kryptos）」より。

クリプトンは貴ガスの1つなんだって。地球上では存在量がいちばん少ない貴ガスだから、日本では産出しない。ほぼ9割が中国からの輸入で、ほかはロシアやウクライナに頼っている。だけど、両国は戦争状態だから安定調達に懸念があるようだね。

特性は断熱効果にすぐれていて、熱伝導率が低いこと。それにほかの元素と結合しないから単独で存在しているらしい。だから、不活性ガスや不燃性ガスとして広く利用されているんだ。その1つで白熱電球にクリプトンガスを封入したものは「クリプトンランプ」。熱を伝えにくいガスだからフィラメントが長持ちするんだね。ほかにはカメラのフラッシュなんかにも使われているそうだよ。

光るカへ

COLUMN❸

ああ無情！ ニッポニウムの悲劇

2022年（令和4年）、「原子番号113ニホニウム」が認定された。日本の理化学研究所チームが合成した人工元素で、アジアでは初の偉業だったの。だが、その100年以上も前に日本の化学者が発見した新元素が幻となって消えていったことがあるというぞ。それは1908年（明治41年）のこと、イギリス帰りの化学者小川正孝（1865～1930年）が鉱物分析の過程で新たな元素を発見した。欣喜した小川は、「新元素は原子番号43だ。ニッポニウム（元素記号Np）と命名する」と発表した。ところが、である。ほかの研究者による追試ではニッポニウムがどうしても確認できない。結局、小川のニッポニウムは認められなかったという出来事があったのだな。

では、原子番号43とはいったい何だったのだろう。答えを導き出したのはイタリア生まれのエミリオ・セグレとC.ペリエだった。原子番号43は天然には存在しないことが明らかとなり、そこで彼らは重水素にモリブデンを衝突させて、人類で初めての人工元素「テクネチウム」の合成に成功したのだ。1936年のことというぞ。

物語はそこで終わらなかった。1990年代に入り、東北大学の吉原賢二教授が小川の残した実験結果や資料をもとに再検討したところ、なんとニッポニウムが「原子番号75レニウム」だったことが判明したという。レニウムは1925年にドイツのイーダ・ノダックらが発見した元素だった。実は小川も亡くなる直前、ようやく国内に導入されたX線分析装置を使ってニッポニウムを分析した。その結果、ニッポニウムはレニウムだと結論づけていたらしいの。小川がニッポニウムを発見した1908年には日本にはX線分析装置が導入されていなかった。当時、こうした分析装置が小川の手元にあったなら、レニウムは「原子番号75ニッポニウム」となっていたのかもしれないのだな。

残念ながら、時は巻き戻せない。ニッポニウムはついに幻の新元素のまま周期表の逸話として記憶されていくのだのう。

37

Rb

ルビジウム
Rubidium

1族
5周期

◉陽子数：37
◉金属分類：金属元素
◉発見年：1861年
◉発見者：ブンゼン（ドイツ）
キルヒホフ（ドイツ）
◉元素命名の由来：ラテン語「深い赤色（rubidus）」より。

ルビジウムはとてもやわらかい金属元素で銀白色。それにとても軽いんだね。酸素に触れると激しく反応して自然発火したり、水とも激しく反応して強塩基の水酸化ルビジウムを生成するそうだよ。

同位体とは陽子数（原子番号）が同じで陽子数と中性子の和（質量数）が違う元素のことだけど、その同位体には安定同位体と放射性同位体があるんだ。ルビジウム87は放射性同位体で、原子核が放射性崩壊を起こしてストロンチウムになる。その現象を利用して年代測定に使われるというよ。ほかには原子時計に使ったりするけど、たとえばGPSに搭載しているセシウム原子時計やルビジウム原子時計は誤差が30万年に1秒以下だって。すごい精度だね。

38

Sr

ストロンチウム
Strontium

固体

2族
5周期

◉陽子数：38
◉金属分類：金属元素
◉発見年：1787年
◉発見者：ホープ（イギリス）
クロフォード（北アイルランド）
◉元素命名の由来：スコットランド鉱山発見のストロチアン石より。

ストロンチウムも銀白色でやわらかい金属元素だ。それに、やっぱり水と激しく反応して、水酸化ストロンチウムをつくるし、水素も発生するそうだよ。ストロンチウムが塩素と反応すると塩化ストロンチウムになるけど、燃焼させると炎色反応によって赤色を発するんだ。だから、花火で赤色系（深紅色）を出すのに利用されているんだね。

ストロンチウムは、昔はテレビのブラウン管チューブ（筒）ガラスの添加剤になったりしていたけど、いまでもパソコンなどのディスプレイや太陽光発電に用いられるガラスの添加剤になっているよ。変わったところでは、サンゴの成長を早めるからと熱帯魚の観賞用水槽に使われているんだって。

39

Y

イットリウム
Yttrium

固体

3族
5周期

◉陽子数：39
◉金属分類：金属元素
◉発見年：1794年
◉発見者：ガドリン（フィンランド）
◉元素命名の由来：スウェーデンの町「イッテルビー（Ytterby）」より。

スウェーデンの町「イッテルビー」は4つの元素名の由来になっているんだって。イットリウムのほか、テルビウム（原子番号65）・エルビウム（68）・イッテルビウム（70）だそうだ。イットリウムはやわらかい金属元素で、銀の光沢を持っている。これもレアアースだね。

イットリウムとアルミニウムの複合酸化物は強力なレーザーを生み出すからレーザー治療に使われているんだって。それにLEDの中でも白色の光を出力するダイオード（電子素子）の生成材料になるそうだ。ほかにもブラウン管の赤色を出すリン光物質（蛍光体）や光学レンズ、セラミック、電子フィルター、超伝導体に医療機器と、利用範囲は広いらしい。だけど、可燃性だから取扱注意だね。

光学レンズ
お手の物

40

Zr

ジルコニウム
Zirconium

固体

4族
5周期

◉陽子数：40
◉金属分類：金属元素
◉発見年：1789年
◉発見者：クラプロート（ドイツ）
◉元素命名の由来：アラビア語「赤（zarkun）」、古代ペルシャ語「金（Zar）と色（Gun）」の2説あり。

ジルコニウムは銀白色の金属で、チタンと同じレアメタルだ。強度が高く、熱にも強い。それに金属の仲間でもいちばん中性子を吸収しにくく、空気中では酸化被膜を形成するので内部を浸潤から守るそうだ。要するに腐食しにくいから耐食性にすぐれているんだね。カラダとの親和性も高いというよ。

高温状態では酸素や窒素、水素などと反応していろんな化合物をつくるらしい。中でもジルコニウムを含んだ超強度のセラミックはものすごく硬いからセラミック包丁やハサミ、ボールベアリング、差し歯や歯のインプラントなんかに使われているんだって。また、ジルコニウム合金は原子炉の燃料棒に使われたりするよ。用途が広いんだね。

切れ味
抜群！

41

Nb

ニオブ
Niobium

固体

5族
5周期

◉陽子数：41
◉金属分類：金属元素
◉発見年：1801年
◉発見者：ハチェット（イングランド）
◉元素命名の由来：ギリシャ神話タイタンの娘「ニオベ（Niobe）」より。

ニオブは柔軟に変形し延びる特性があるそうだよ。ほかの金属に反応させると、その金属の耐熱性や耐食性、粘り強さを高める特性があるともいうね。そのために添加剤として重宝されていて、おもな使われ方は鉄鋼添加剤らしい。鉄とニオブの合金をフェロニオブというそうだけど、これが高張力鋼やステンレス鋼などに添加されて、自動車の外板パネルや排気系部品、地上や海底などに設置されて石油や天然ガスを運ぶラインパイプ、土木建築の構造材などに使われるんだって。

また、ニオブチタン合金は極低温（マイナス268℃以下）の下では超電導体となるからリニアモーターカーやNMR（核磁気共鳴）装置などの超電導磁石に使われているそうだよ。

超電導磁石あればこそ

42

Mo

モリブデン
Molybdenum

固体

6族
5周期

◉陽子数：42
◉金属分類：金属元素
◉発見年：1778年
◉発見者：シェーレ（スウェーデン）
◉元素命名の由来：ギリシャ語「鉛（molybdos）」より。

モリブデンは人や植物にとって必須の元素で、微量ミネラルだよ。食べ物では穀類や豆類、種実類にたくさん含まれているんだって。ふだんの食事で十分に取ることができる元素だけど、不足すると頻脈や多呼吸症状を起こしたり、過剰に取ると関節痛や胃腸障害になったりするというよ。

ところで、モリブデンは輝水鉛鉱で見つかった銀白色の金属だ。だから、元素名の由来が「鉛」なんだね。鉄などの金属に比べて融点が高いのが特長で、しかも硬くて耐食性もあるから、工業的にも使われているよ。たとえば飛行機のエンジン部品、自動車のボディ、機械の部品や金型、身近なところでは工具や包丁などにも使われているんだね。

取り過ぎ注意!!

43

Tc

テクネチウム
Technetium

固体

7族
5周期

◉陽子数：43
◉金属分類：金属元素／人工元素
◉発見年：1936年
◉発見者：ペリエ（イタリア）
セグレ（イタリア）
◉元素命名の由来：ギリシャ語「人工（technitos）」より。

テクネチウムは天然にはほとんど安定して存在しない元素らしい。そこで、人が初めて人工でつくったというよ。色は銀白色で白金に似ているんだって。この人工元素は安定した同位体を持たず、すべてが放射性同位体だそうだ。だから、がんの骨転移をチェックする放射性診断薬に使われているんだね。

実は、この原子番号43の元素は当初、日本人化学者で東北帝国大学教授の小川正孝さん（1865～1930年）によって発見が報告されて「ニッポニウム」と命名されたんだ。ところが、この元素は43番ではなく、当時はまだ未発見だった原子番号75元素の「レニウム」だった。そのために認められなかったという、いわくつきの元素だったんだね。

幻のニッポニウム

44

Ru

ルテニウム
Ruthenium

固体

8族
5周期

◉陽子数：44
◉金属分類：金属元素
◉発見年：1844年
◉発見者：クラウス（ロシア）
◉元素命名の由来：ラテン語ルーシー（ロシア）名「ルテニア（Ruthenia）」より。

ルテニウムも白金に似た銀白色だ。硬いけどもろいんだね。でも、耐食性が高いそうだよ。硬いために加工には向いていないけど、添加剤としてほかの金属と反応させて合金にすると耐久性が上がるそうだ。

ルテニウムの使われ方は、万年筆の先端部分やハードディスクだね。ハードディスクでは表面にルテニウムの薄膜でおおうことで容量増大になるというよ。ほかにも酸化剤とか、コンピュータやDVDなどにも使われているんだって。

また、2001年にノーベル化学賞を共同受賞した名古屋大学の野依良治さん（1938年～）の「キラル触媒による不斉合成」の研究では、ルテニウム化合物が使われていたんだね。

HDとの親密度抜群

45

Rh

ロジウム
Rhodium

固体

9族
5周期

◉陽子数：45
◉金属分類：金属元素
◉発見年：1803年
◉発見者：ウォラストン（イングランド）
◉元素命名の由来：ギリシャ語「バラ（rhodon）」より。

ロジウムは光り輝いていて、色は白銀だ。しかも、堅牢で耐食性や耐摩耗性があり、酸にも強いらしい。そんなロジウムはプラチナや金と同じ貴金属だというし、きれいでキズも付きにくい。だから、宝石などの装飾品のメッキとして利用されているんだね。銀の装飾品にロジウムメッキすれば変色せずに輝きもアップするらしい。金にメッキすると金の黄色味が抑えられて硬度も上がるというよ。

金メッキで輝く僕

また、自動車の排気ガスに含まれる有害物質には窒素酸化物・炭化水素・一酸化炭素などがあるけど、ロジウムには窒素酸化物を分解する性質があるので触媒として使われているし、歯医者で使われる歯用ミラーのコーティングなどにも使われているんだって。

46

Pd

パラジウム
Palladium

固体

10族
5周期

◉陽子数：46
◉金属分類：金属元素
◉発見年：1803年
◉発見者：ウォラストン（イングランド）
◉元素命名の由来：小惑星「パラス（Pallas）」（1802年発見）より。

パラジウムも光沢があって硬い固体の金属元素だね。プラチナよりも硬いっていうよ。だけど、溶けて液体になる温度（融点）が低いうえに酸にも弱いらしい。希硝酸や熱濃硝酸、王水（金や白金を溶かす強烈な酸化剤）に溶けるし、場合によっては塩酸にも溶けるそうだよ。

排気ガスをやっつけろ！

また、パラジウムは水素をたくさん吸収する。自分の体積の935倍もの量を吸収し、透過も可能だというね。だから、水素を使った燃料電池や将来の水素社会での利用が大いに期待されているそうだ。ほかにはロジウムと同じで自動車の排気ガスに含まれる窒素酸化物を分解する性質があるし、歯医者で虫歯治療用の銀歯に使われているんだって。

47

Ag

銀

Silver

固体

11族

5周期

◉陽子数：47

◉金属分類：金属元素

◉発見年：不明

◉発見者：不明

◉元素命名の由来：アングロサクソン語「銀（sioltur）」より。

古くから利用されてきたのが銀。銀は金と同様に食器や硬貨、宝飾品に用いられてきたことは誰もが知っていること。銀は光の反射率がすごく高いから、ガラスに銀メッキすると鏡になることもよく知られているよね。

銀は太陽光の発電パネルの電極材やカメラのフィルム、レントゲンの写真感光剤、乾電池などにも使われている。近年では殺菌作用もあるからと、銀イオンを入れた制汗剤も増えているそうだ。ところが、銀ではなく銀イオンには強い毒性があるというので要注意かも。毒殺せんとヒ素を銀器に付着させても見破れたとの逸話があるよ。硫黄の混ざった低純度のヒ素は銀に触れると黒色の硫化銀になるからだ。銀器は毒を告発したというわけだね。

銀はあれこれ雄弁だ！

48

Cd

カドミウム

Cadmium

固体

12族

5周期

◉陽子数：48

◉金属分類：金属元素

◉発見年：1817年

◉発見者：シュトロマイヤー（ドイツ）

◉元素命名の由来：ラテン語「（鉄混じり酸化亜鉛）カラミン（cadmia）」ほか諸説あり。

カドミウム、といえば思い出すのが「イタイイタイ病」。岐阜県飛騨市の神岡鉱山から流れたカドミウムが川を汚濁し、その水が農地の稲などを汚染した。そんなコメを食べて発症した「四大公害病」の1つだね。名称の由来は汚毒された人が「イタイ、イタイ」と叫んだからとか。ほかの四大公害病は「水俣病」「新潟水俣病」「四日市ぜんそく」だよ。

そんなマイナスイメージが付いたカドミウムだけど、もともとは銀白色でやわらかく、無臭で青みがかった光沢を持つ金属だ。ニッケルカドミウム電池に使われたり、サビ止め効果があるのでメッキに利用されたりするそうだ。ただし、有毒だから口にしたり、吸引したりしないことだね。

電池喜ぶ！

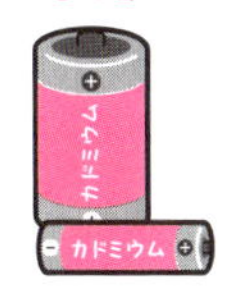

49

In

インジウム
Indium

固体

13族
5周期

◉陽子数：49
◉金属分類：金属元素
◉発見年：1863年
◉発見者：ライヒ（ドイツ）、リヒター（ドイツ）
◉元素命名の由来：ラテン語「（輝線の光）藍色（indicum）」より。

インジウムはレアメタルだ。融点が低く、銀白色のやわらかい金属で、そのやわらかさはナイフで切ることができるほどだというよ。だけど、カドミウムと同じでやっぱり毒性がある。吸入したりすると目や喉を刺激して、咳き込んだり、息切れしたり、嘔吐をともなった頭痛にみまわれるらしいよ。単体では空気中、被膜（酸化膜の）でカバーされているから安定して存在しているけど、酸に触れると水素を発生して溶けるんだね。

タッチパネルの君へ

また、スズと反応させて酸化インジウムスズの化合物にすると無色透明になる。可視光の透過率はほぼ90%で、そのうえ電気を通す。だから、テレビやスマホなどのディスプレイ、タッチパネルに欠かせないというよ。

50

Sn

スズ
Tin

固体

14族
5周期

◉陽子数：50
◉金属分類：金属元素
◉発見年：不明
◉発見者：不明
◉元素命名の由来：ラテン語「鉛と銀の合金（stannum）」より。

メソポタミアでは紀元前3000年ほど前からスズと銅との合金「青銅（ブロンズ）」がつくられていたんだね。スズは酸化しにくいし、サビにくいうえに割と低い温度で溶けるんだって。それに毒性も低いというよ。

青銅は加工がしやすいからいろんなものに使われてきた。たとえばお寺の釣鐘なんかそうだし、「奈良の大仏」もそう。茨城県の牛久浄苑にある「阿弥陀如来立像」は高さ120mもあって、世界でいちばん大きいブロンズ像らしいよ。現代彫刻ではロダンの「考える人」もブロンズだね。

室町時の鐘

また、スズを鉄板にメッキすると「ブリキ」、スズと鉛の合金は「はんだ」で、これは電子機器などの溶接に利用されているよ。

51

Sb

アンチモン
Antimony

固体

15族
5周期

◉陽子数：51
◉金属分類：金属元素
◉発見年：不明
◉発見者：不明
◉元素命名の由来：ギリシャ語「(孤独を嫌う) アンチモノス (anti-monos)」より。

アンチモンも古くから使われてきた金属だね。紀元前のメソポタミアでは、カルデア人の壺やバビロニア時代の青銅などにアンチモン合金が含有していたらしい。あのクレオパトラが登場した古代エジプトでは硫化アンチモン（輝安鉱）の粉が医薬品になったり、まぶたをくっきり見せるアイシャドーに使われたんだって。ヨーロッパに伝わったのは11～12世紀。当時の錬金術師たちはアンチモンが錬金の成功に必要な物質と考えたというよ。

ところで、このアンチモン、光沢があるけどもろい物質だね。いまではアンチモン化合物の三酸化アンチモンは、プラスチックや帆布、難燃性カーテンなどに、三塩化アンチモンは顔料や触媒などに使われているそうだよ。

52

Te

テルル
Tellurium

固体

16族
5周期

◉陽子数：52
◉金属分類：非金属元素
◉発見年：1782年
◉発見者：ミュラー(オーストリア)
◉元素命名の由来：ラテン語「地球 (tellus)」より。

テルルにも毒性があるんだって。カラダに入るとジメチルテルリドを生成して呼気がニンニク臭に似た悪臭を発するというよ。これを「テルル呼気」というんだって。この呼気は臭いだけですまないんだね。食欲不振・悪心・頭痛・呼吸困難などを発症するし、顔などに青黒い斑点や発疹が生じるそうだ。

だけど、工業的には利用価値が高いらしい。光を当てると通電しやすくなるから、その特性を活用してDVDの記録膜に使われたりしているね。また、テルル化合物はガラスや陶磁器の着色とか太陽電池などにも利用されているし、宇宙空間で使用の電子機器、小型の冷蔵庫の冷却材、パソコンのCPU（中央処理装置）などにも使われているというよ。

53

I

ヨウ素

Iodine

固体

17族

5周期

◉陽　子　数：53

◉金属分類：非金属元素

◉発　見　年：1811年

◉発　見　者：クールトア（フランス）

◉元素命名の由来：ギリシャ語「紫色（ioeides）」より。

ヨウ素といえば、イメージするのはヨードチンキやうがい薬かもね。でも、ヨウ素はカラダに不可欠な必須ミネラルの1つなんだよ。

この元素は昆布やヒジキ、メカブにモズクなどの海藻類に多く含まれているそうだ。食べ物で取ったヨウ素は腸で吸収され、血液で甲状腺に運ばれる。そうして甲状腺ホルモンの材料になるんだね。甲状腺ホルモンは新陳代謝を活発にするし、成長促進には欠かせないホルモンなんだ。だから、ヨウ素が不足すると甲状腺の機能が低下する。妊娠中の女性なら死産や流産、胎児の先天異常などにみまわれる危険性があるし、健康な大人でも皮膚の乾燥、薄毛、むくみや声がれ、精神にも影響が出るというから、ヨウ素不足は要注意だ！

54

Xe

キセノン

Xenon

気体

18族

5周期

貴ガス

◉陽　子　数：54

◉金属分類：非金属元素

◉発　見　年：1898年

◉発　見　者：ラムゼー（スコットランド）
トラバース（イングランド）

◉元素命名の由来：ギリシャ語「見慣れない（xenos）」より。

キセノンも貴ガスの1つだね。18族の元素で、ヘリウム・ネオン・アルゴン・クリプトンなどの仲間と同じですごく安定しているからほかの元素とは反応しにくい。だから、化合物になりにくいんだ。

キセノンは自然光に似たような光を出すのでキセノンランプとして使われるというよ。反応が速いから自動車のヘッドライト、カメラのフラッシュ、灯台のランプなんかにも利用されているんだね。

また、ロケットに使用されるイオンエンジンにも使われているよ。7年の歳月をかけて地球に戻ってきた小惑星探査機「はやぶさ」の推進力として貢献したんだ。この壮挙は日本の国民に感動を与え、映画にもなったね。

COLUMN④

長さの単位は元素が決めた？

時代小説を読んでいると、ときどき一尺とか一貫とか長さや重さを示す言葉が出てきます。これは尺貫法といって古くから日本で使われてきた長さや重さを表す単位です。長さは「尺」、重さは「貫」、面積は「歩（坪）」などで表していました。この単位をメートル法に当てはめると、1尺＝30.3cm、1寸＝3.03cm（1尺の10分の1）、1分＝3.03mm（1尺の100分の1）に換算されます。間（けん）＝6尺＝1.81818mや里（り）＝12,960尺＝3.92727kmも、基本は尺です。ついでにいうと一貫は3.75kg、一歩は3.30579m2となります。

メートル法は1791年にフランスによって制定された単位です。メートル法を基準に重さや面積、体積、液量なども決められました。国際社会の交流拡大で統一単位が必要になったからです。1mは「北極点から赤道までの子午線の長さの1,000万分の1」と定義され、1799年、その測量結果をベースに「メートル原器」がつくられました。1mの長さに区切られた原器は温度の高低によっても伸縮しないものが求められます。白羽の矢が立ったのは金属元素の白金でした。熱膨張率が低いうえにサビにくいためですが、完全ではありません。1888年になると白金90%、イリジウム10%の合金で新たなメートル原器が登場します。白金族のイリジウムは合金にすると硬くなりますが、これも金属なので不変ではありません。1960年に開かれた国際度量衡総会でメートル原器は廃止され、代わりに非金属元素で貴ガスのクリプトンが使われました。安定同位体のクリプトン86元素が真空中で放つ橙色の光の波長を1mとしたのです。ですが、精度への志向はこれで終わりません。光を使うのです。1983年に「真空中に光が2億9979万2458分の1秒間に進む距離を1m」と決定されました。現在はそれが基準となっているわけです。

ところで、日本では1959年に尺貫法が禁止され、メートル法に移行しましたが、いまなお面積は何坪、お酒は何合などといったりします。イメージしやすいのでしょう。歴史の中で活用してきた庶民の生活文化は、そう簡単には無くならない。しぶといのですね。

55

Cs

セシウム

Cesium

固体

1族
6周期

◉陽子数：55

◉金属分類：金属元素

◉発見年：1860年

◉発見者：ブンゼン（ドイツ）
キルヒホフ（ドイツ）

◉元素命名の由来：ラテン語「青い空（caesius）」より。

セシウムは水素を除き、1族のリチウム・ナトリウム・カリウム・ルビジウムなどと同じアルカリ金属の仲間だよ。アルカリ金属は単体ではみんなやわらかくて銀白色だ。溶けはじめる温度が28℃と低い。それに水とすごく反応するし、自然発火もするというよ。そういえばセシウム133を使って1955年に原子時計がイギリスで開発されていたね。でも、最近、日本の産業技術総合研究所が開発した原子時計「NMIJ-F2」は7000万年に1秒しかズレないというから驚きだ。

ところで、セシウム133は同位体の中で唯一放射能を放出しない。でも、セシウム134や137は放射能を排出する。福島第一原発事故の炉心溶融で放出したのはセシウム137だよ。

56

Ba

バリウム

Barium

固体

2族
6周期

◉陽子数：56

◉金属分類：金属元素

◉発見年：1808年

◉発見者：デービー（イングランド）

◉元素命名の由来：ギリシャ語「重い（barys）」より。

バリウムといえば、思い浮かべるのは胃の検査で飲む、あの白い液体かもしれないね。飲みにくくてイヤな記憶があるかもしれないかな。X線で胃の中を調べようと思っても胃を透過してしまうけど、この液体は硫酸バリウムといってX線を透過しない性質がある。だから、胃の中の様子がわかるんだね。ちなみにX線写真をレントゲンというのは、1895年にドイツの物理学者レントゲン博士によって発見されたからその名が付けられた。

バリウムは単体ではやわらかい銀白色のアルカリ土類金属元素だ。ベリリウムやマグネシウム、カルシウムなどと同じ2族の典型元素だよ。バリウムはまた炎色反応で緑色を発色するから花火にも使われているんだね。

57

La

ランタン
Lanthanum

固体

3族
6周期

◉陽子数：57
◉金属分類：金属元素
◉発見年：1839年
◉発見者：モサンダー（スウェーデン）
◉元素命名の由来：ギリシャ語「隠れる（lanthanein）」より。

ランタンはランタノイドの仲間の金属元素だ。原子番号57ランタンから71ルテチウムはよく似た性質を持つ遷移元素で、すべて3族になるんだね。ランタンはセリアという酸化物から酸化物を分離したというよ。やわらかい銀白色の固体だけど、空気に触れると徐々にサビていく。それに1族のアルカリ金属のようにナイフで切れるらしい。

ランタンはガラスの添加剤、衝撃を与えると発火する性質を利用して使い捨てライターやトーチの点火材、レーザーやセラミックス、光学レンズなどに使われている。ほかにもニッケルと混ぜた合金は水素を吸収するために水素を利用した燃料電池にも活用されているというね。

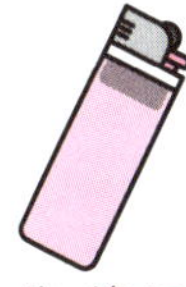

使い続けて
御用済み

58

Ce

セリウム
Cerium

固体

3族
6周期

◉陽子数：58
◉金属分類：金属元素
◉発見年：1803年
◉発見者：ベルツェーリウス（スウェーデン）
ヒシンイエル（スウェーデン）
◉元素命名の由来：小惑星「セレス（Ceres）」より。

セリウムもランタノイドの仲間だけど、地殻の中でいちばん多く含まれている金属元素だ。この元素はスウェーデンの鉱山でセリア（セリウム）を含有する鉱石から取り出されたそうだよ。セリウムは空気に触れると酸化して酸化セリウムになるらしい。この化合物はガラスの研磨に適しているからと、ガラスや高級カメラレンズ、ブラウン管の研磨剤に利用されているんだね。

また、酸化セリウムには紫外線を吸収する性質もあるので自動車の窓ガラスやサングラスなどにも使われているし、自動車の排ガスに含まれる有害物質を除去するので触媒としても利用されている。ほかにも陶器の釉薬（ゆうやく）として新色作成に役立っているんだって。

男振り
一段アップ

59

Pr

プラセオジム

Praseodymium

固体

3族
6周期

◉**陽　子　数**：59
◉**金属分類**：金属元素
◉**発　見　年**：1885年
◉**発　見　者**：ウェルスバッハ（オーストリア）
◉**元素命名の由来**：ギリシャ語「青みがかった緑（prasios）と双子（didymos）」より。

プラセオジムは質感のやわらかい灰白色、または銀白色の金属元素でレアアースだ。ところが、空気に触れると酸化によって黄色や黄緑色になる。だから、陶磁器の釉薬に利用されているんだ。また、酸化したプラセオジムを含むガラスは、溶接用のゴーグルに使われているというよ。

プラセオジムはサビにくい。圧力を受けたり強打されても壊れないうえに引き延ばしも容易だ。そうした性質から合金の製造に有用だというし、永久磁石としても利用されている。強度に長けたプラセオジム磁石だね。

火花を遮る
実力者

性質は原子番号60のネオジムに似ているというけど、それもそのはずでネオジムと同じ物質から見つかった物質なんだね。

60

Nd

ネオジム

Neodymium

固体

3族
6周期

◉**陽　子　数**：60
◉**金属分類**：金属元素
◉**発　見　年**：1885年
◉**発　見　者**：ウェルスバッハ（オーストリア）
◉**元素命名の由来**：ギリシャ語「新しい（neo）と双子（didymos）」より。

原子番号58のセリウム（セリア）酸化物から見つかったのがプラセオジムとネオジムだね。そのネオジウムはもちろんレアアースだけど、ネオジムと鉄などの化合物からできた磁石は最強の永久磁石「ネオジム磁石」といわれているんだ。なぜなら、鉄などの磁石の素材にネオジムを入れると、鉄やネオジムの磁極が同じ方向に固定されるために強力な磁力を発揮するらしいよ。だから、吸着力がほかの磁石よりよっぽど強いんだね。

迷惑防止
音遮断

用途はハイブリッド自動車のモーター、ヘッドフォンのスピーカー、セラミックコンデンサーなどだけど、ネオジムなどレアアースの産出地は中国が多い。レアアースは経済安全保障に直結している希少金属だね。

61

Pm

固体

3族
6周期

プロメチウム
Promethium

◉陽子数：61
◉金属分類：金属元素／人工元素
◉発見年：1947年
◉発見者：マリンスキー／グレンデニン／コライエル（3人ともアメリカ）
◉元素命名の由来：ギリシャ神話の神「プロメテウス（prometheus）」より。

プロメチウムもランタノイドの仲間でレアアースだね。銀白色で放射性の金属元素だけど、天然ではほとんど存在しない。だから、原子炉内で生じたウランの核分裂による生成物から取り出す人工元素だというよ。もともとプロメチウムはウラン鉱に含有する核分裂生成物から分離した新元素だったんだ。

何に利用されているかというと、放射線を電気エネルギーに変換するアイソトープ（同位体）電池だそうだ。アイソトープ電池は長時間使用できるために宇宙探査機の電源にはあつらえ向きだというよ。ほかにも夜光塗料として時計の文字盤などに使われていたけど、いまでは安全性に問題があるからと利用や国内生産はストップしているそうだよ。

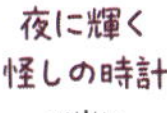

62

Sm

固体

3族
6周期

サマリウム
Samarium

◉陽子数：62
◉金属分類：金属元素
◉発見年：1879年
◉発見者：ボアボードラン（フランス）
◉元素命名の由来：ロシアで発見「サマルスキー石（samarskite）」より。

サマリウムもおもに磁石の素材として利用されている金属元素だよ。コバルトと化合した永久磁石「サマリウムコバルト磁石」は、「ネオジム磁石」が開発されるまでは世界最強だった。でも、この磁石にはネオジム磁石より高温の中でも磁気力が減衰しない性質があるから、高温下で使用するときに使われるんだって。ネックなのはこの磁石がネオジム磁石に比べて高価ということかな。

また、風力発電やコンピューターのハードディスク、電気自動車のモーター、オーディオ機器のスピーカー、ヘッドホーンやスマートフォンなどにも利用されているほか、化学反応の触媒や試薬、がん治療、痛みを緩和する鎮痛薬としても有用だっていうよ。

磁気なくて
音もなし

63

Eu

ユウロピウム

Europium

固体

3族
6周期

◉陽 子 数：63
◉金属分類：金属元素
◉発 見 年：1896年
◉発 見 者：ドマルセ（フランス）
◉元素命名の由来：元素発見地の「ヨーロッパ大陸（Europe）」より。

銀白色の金属元素でやわらかいから、ユウロピウムもナイフで切ることができるそうだよ。レアアースの仲間では反応性が高い物質だというね。その特性から単体では水に対して素早い反応性を示すし、空気に触れるとすぐに酸化するらしい。

用途としてはおもに発光材料だね。だから、酸化ユウロピウムを添加した化合物は、以前のブラウン管カラーテレビの赤色蛍光体や蛍光灯の蛍光体に使われているし、ビルの非常口マークなどの夜光塗料として利用されているというよ。ほかにもハガキの特殊インクとしても使われているし、EUのユーロ紙幣にもユウロピウムが使われているんだって。ニセ札防止に活躍しているんだね。

64

Gd

ガドリニウム

Gadolinium

固体

3族
6周期

◉陽 子 数：64
◉金属分類：金属元素
◉発 見 年：1880年
◉発 見 者：マリニャク（スイス）
◉元素命名の由来：レアアース研究者「（フィンランド）ガドリン（Gadolin）」より。

ロシアのウラル地方で産出したサマルスキー石から2種類の元素が分離されたんだって。サマリウムともう1つがガドリニウム。ガドリニウムは銀白色の物質で、よく伸びる性質があって加工しやすいらしい。常温で磁性の強いことも特徴だ。だから、強力な磁性の性質を活かしてMRI（磁気共鳴画像）の造影剤にも使われているそうだ。

中性子を吸収する断面積がとても大きいのがガドリニウムだ。その性質があるから原子炉内で中性子を抑制する制御材料に使われているんだね。ほかにもエネルギー効率の高い磁気冷凍材料に利用されている。フロンなどを使わないから環境悪化を防ぐし、省エネにも寄与するというよ。

65
Tb
テルビウム
Terbium

固体

3族
6周期

◉陽子数：65
◉金属分類：金属元素
◉発見年：1843年
◉発見者：モサンダー（スウェーデン）
◉元素命名の由来：スウェーデンの町「イッテルビー（Ytterby）」より。

テルビウムは元素名の由来がスウェーデンの小さな町イッテルビーだ。ここからは同じくイッテルビーの町名由来から名を付けられたイットリウム（原子番号39）、エルビウム（68）、イッテルビウム（70）と、合計4つの新元素が発見されたんだね。

テルビウムは銀白色の金属元素で変わった磁力特性を持っているらしい。鉄とか原子番号66のジスプロシウムと合金すれば、磁力によって一瞬にして大きく変形するというよ。磁気ひずみといって強力な磁性体が磁化するときに外形が伸縮する現象のことだね。

ブラウン管の発光体や水銀灯の蛍光体材料、平面振動板を使ったパネルスピーカー、電動自転車に利用されているそうだよ。

66
Dy
ジスプロシウム
Dysprosium

固体

3族
6周期

◉陽子数：66
◉金属分類：金属元素
◉発見年：1886年
◉発見者：ボアボードラン（フランス）
◉元素命名の由来：ギリシャ語「近づきがたい（dysprositos）」より。

ジスプロシウムは光沢のある銀色の硬い金属だ。空気に触れると酸化し、水にも溶けるというね。それに低温で強力な磁性を示す。ネオジウム磁石にジスプロシウムを加えると、さらに磁力を高めるというよ。そこで産業用機械類のモーター、ハイブリット車や電気自動車のモーターに使われるんだけど、モーターは駆動すると高温になるよね。でも、磁性体は高温になると磁力が弱化する。それを抑える能力のあるのがジスプロシウムなんだって。ほかにもハードディスクやエアコンなどに使われているそうだよ。

また、ジスプロシウムには光エネルギーを溜める性質もあるので、夜光塗料として標識などにも使われているというね。

67

Ho

ホルミウム
Holmium

固体

3族
6周期

◉陽子数：67
◉金属分類：金属元素
◉発見年：1879年
◉発見者：クレーベ（スウェーデン）
◉元素命名の由来：ストックホルムの古名「ホルミア（Holmia）」より。

ホルミウムも銀白色でやわらかい金属だね。酸素に触れると酸化し、黄色くくすんだような色に変わり、水にはゆっくり溶けていくそうだよ。17族の元素を総称して「ハロゲン」というけど、ホルミウムは17族の仲間フッ素・塩素・臭素・ヨウ素・アスタチン・テネシンと反応するんだって。

ホルミウムはレアアースで高価だから、あまり利用されないけど、それでもYAGレーザーに用いられるそうだ。YAGとはイットリウム・アルミニウム・ガーネットの頭文字を取った固体レーザーで、ホルミウムを少量添加したもの。レーザーメスで手術中、熱をあまり出さないので患部の損傷を抑えるらしい。尿管結石や前立腺肥大に利用されるというね。

68

Er

エルビウム
Erbium

固体

3族
6周期

◉陽子数：68
◉金属分類：金属元素
◉発見年：1843年
◉発見者：モサンダー（スウェーデン）
◉元素命名の由来：スウェーデンの町「イッテルビー（Ytterby）」より。

何度も記しているようにエルビウムもイットリウム（原子番号39）、テルビウム（65）、イッテルビウム（70）と同じでスウェーデンの小さな町イッテルビーが元素名の由来になっている。この町から合計4つの新元素が発見されたけど、その1つがエルビウムだね。

エルビウムは灰色の金属で、もちろんレアアース。空気に触れるとやっぱり酸化され、高温で燃焼するし、水にはゆっくり溶けるというね。

用途としては光ファイバーの光信号増幅のために少量添加されるそうだ。光ファイバーで長距離を信号伝送すると光が弱くなる。その光の増幅に使われるんだね。ほかにも美容外科でレーザー治療に使われるというよ。

69

Tm

ツリウム
Thulium

固体

3族
6周期

◉陽　子　数：69
◉金属分類：金属元素
◉発　見　年：1879年
◉発　見　者：クレーベ（スウェーデン）
◉元素命名の由来：スカンジナビア伝説の地「トゥーレ（Thule）」より（諸説あり）。

　レアアースのツリウムは光沢があり、明るい銀灰色で空気に触れると徐々に色が変わっていく。硬度も低くかなりやわらかい金属で毒性もないそうだ。放射線を受けたあとに熱を加えられるとキラキラした蛍光を発するので、その特性から放射線の線量計として利用されているというよ。

　また、ホルミウムと同様にYAGレーザーの添加剤としても有用だ。レーザーメスでの手術に際して患部組織の表面の切除に適しているらしい。だから、出血の少ない手術などでは世界中でかなり利用されているんだね。それに光ファイバーの増幅器にも使われているというね。前項に記したエルビウム増幅器以外の波長の光に対応しているそうだよ。

光伝送路の信号アップ

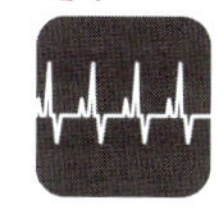

70

Yb

イッテルビウム
Ytterbium

固体

3族
6周期

◉陽　子　数：70
◉金属分類：金属元素
◉発　見　年：1878年
◉発　見　者：マリニャク（スイス）
◉元素命名の由来：スウェーデンの町「イッテルビー（Ytterby）」より。

　イッテルビウムもイットリウム（原子番号39）やテルビウム（65）、エルビウム（68）と同じで町名イッテルビーが元素名の由来だ。これでイッテルビーの4種類が出そろったわけだね。先に原子時計「NMIJ-F2」は誤差が7000万年に1秒と紹介したけど、イッテルビウムは300億年に1秒の誤差が可能な「光格子時計」の開発材料の1つになっているらしい。この宇宙は138億年前のビッグバンで誕生したというけど、それより遥かに長時間の300億年とはちょっとイメージできないね。

　ところで、イッテルビウムの利用というと、ガラスへの着色や工業用のレーザーに使われているそうだよ。鉄の切断など精密な機械の加工に適しているというんだね。

誤差なんと300億年に1秒！
はぁ？

71

Lu

ルテチウム
Lutetium

固体

3族
6周期

◉陽子数：71
◉金属分類：金属元素
◉発見年：1907年
◉発見者：ユルバン（フランス）
◉元素命名の由来：パリの古名「ルテティア（Lutetia）」より。

ランタノイドの仲間として最後に発見された元素がルテチウムだよ。銀白色で弾性限界を超えて延びても破壊されない性質があるというね。これを延性というけど、金や銀、銅、アルミニウムなどと同質なんだ。だけど、分離するのがたいへんですごく高価になるから工業的にはほとんど使われないというよ。せいぜい金属合金とかいろんな化学反応の触媒になるくらいらしい。

でも、医療分野では検査用として「PET（ポジトロン断層法）」に利用されているよ。CT（コンピュータ断層撮影）やMRI（核磁気共鳴画像法）は組織形態の状態を観る検査法だけど、PETはカラダの機能を観るための検査法だ。要するに細胞の状態が調べられるんだね。

精密検査に
力を発揮

72

Hf

ハフニウム
Hafnium

固体

4族
6周期

◉陽子数：72
◉金属分類：金属元素
◉発見年：1924年
◉発見者：コスター（オランダ）
ヘベシー（ハンガリー）
◉元素命名の由来：コペンハーゲンのラテン語名「ハフニア（Hafnia）」より。

ハフニウムからは3族のランタノイドグループではなく4族になるよ。ハフニウムはジルコニウム（原子番号40）と性質がよく似ていたために、ジルコニウムとの分離がむずかしくて発見が遅れた金属元素なんだね。

ハフニウムは弾性限界を超えた圧力や打撃を受けても破壊されず薄く広がる性質と弾性限界を超えて延びても壊れない性質を持っている。2つ合わせて展延性というよ。展性と延性のことで、イメージ的に金箔が展性の加工物、針金が延性の加工物だといえばわかりやすいかもね。

ところで、ハフニウムは中性子を吸収するから原子炉の制御棒やジェットエンジン、ガスタービンなどに利用されているそうだよ。

これあって
ジェット
エンジン

73

Ta

タンタル
Tantalum

固体

5族
6周期

◉陽子数：73
◉金属分類：金属元素
◉発見年：1802年
◉発見者：エーケベリ（スウェーデン）
◉元素命名の由来：ギリシャ神話の王「タンタロス（Tantalus）」より。

タンタルは光沢のある銀白色をした金属元素だ。見た目は白金に似ているというよ。レアメタルの仲間なんだね。単体の金属としては溶け出す温度（融点）が高いそうだ。タンタルより高い融点を持つ金属元素としてタングステン（原子番号74）とレニウム（75）があるんだって。

タンタルはまた、酸や腐食に強く、硬いけど延びても壊れないし、熱や電気の伝導性も高いらしい。それにカラダには無害だ。酸や腐食に強く、無害だからなのか、人工骨や歯のインプラントの材料になるというね。ほかにもコンデンサに使われているし、DVDプレーヤーやパソコン、スマホ、ロボットなどの電子部品にも利用されているそうだよ。

74

W

タングステン
Tungsten

固体

6族
6周期

◉陽子数：74
◉金属分類：金属元素
◉発見年：1781年
◉発見者：シェーレ（スウェーデン）
◉元素命名の由来：スウェーデン語「重い石（tungsten）」より。

タングステンはすべての金属の中でいちばん融点が高い元素だ。それに熱膨張率が低いので、高い温度の中でも形状の安定にすぐれているというよ。銀灰色のすごく重くて硬いレアメタルだけど、名前の由来の「重い石」がそのまま当てはまる金属というわけだ。硬さでいえば、たとえば炭素やコバルトなどと化合させるとダイヤモンドに次ぐ超硬合金になるらしい。だから、高度な切削工具に利用されるんだね。

また、タングステンは電気抵抗がとても大きい物質だ。しかも細かい加工にも適しているから白熱電球のフィラメントに利用されている。ボールペンの先端部分のボールにもなっているそうだよ。

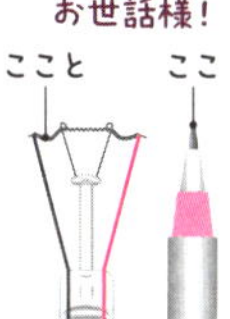

75

Re

レニウム
Rhenium

固体

7族
6周期

◉陽子数：75
◉金属分類：金属元素
◉発見年：1925年
◉発見者：ノダック、タッケ、ベルク
(3人ともドイツ)
◉元素命名の由来：ラテン語名「ライン（Rhein）川」より。

レニウムは周期表の考案者メンデレーエフが「ドビマンガン」と予言した元素なんだね。この元素は彼が作成した周期表に空欄を開け、そこに何らかの元素が入ると考えていた物質で、それがレニウムだった。レニウムは銀と同じほど熱の伝導性が高く、色は銀白色、もちろんレアメタル。地殻中ではオスミウムと同じようにきわめて稀だし、宇宙空間でもタンタルと同じでいちばん稀な金属らしい。

そんなレニウムは希少で高価だからなかなか利用されないが、それでもレニウムはタングステンとの合金でフィラメント、電子部品や航空宇宙部品などに使われるらしい。あの「ニッポニウム」とされた元素が、実は「レニウム」だったという残念な逸話を残した元素だね。

温度はなんと3000℃!

76

Os

オスミウム
Osmium

固体

8族
6周期

◉陽子数：76
◉金属分類：金属元素
◉発見年：1803年
◉発見者：テナント（イングランド）
◉元素命名の由来：ギリシャ語「臭い（osme）」より。

オスミウムは青みがかった銀白色の重くて硬い物質で、レニウムと同じく地殻中でごく少量しかない希少金属だ。白金を含む鉱物からイリジウムと一緒に発見された白金族の仲間だというね。

オスミウムの化合物、四酸化オスミウムは高い毒性があり、においも強烈らしい。だけど、イリジウムなどとのオスミウム合金はとても硬いために、万年筆のペン先に使われるそうだ。一説によると500万字も書ける耐久性があるというけどね。

また、この合金はレコード針や精密機械のベアリング（軸受）、時計などにも使われるし、電子顕微鏡で観察するため染色剤の試薬にも利用されるというよ。

任せろ
500万字

77

Ir

イリジウム
Iridium

固体

9族
6周期

◉陽子数：77
◉金属分類：金属元素
◉発見年：1803年
◉発見者：テナント（イングランド）
◉元素命名の由来：ギリシャ神話虹の女神「イリス（Iris）」より。

イリジウムも白金を含む鉱物からオスミウムと一緒に発見された白金族だね。やっぱり地殻中ではとても少ない金属だよ。単体では硬くてもろいけど、すべての金属の中ではいちばん腐食に強いというね。濃塩酸と濃硝酸を混ぜた王水でもなかなか溶けないそうだ。

イリジウムはイリジウム合金にするとさらに硬くなる。そこでオスミウム合金と同じく万年筆のペン先に使われるというよ。

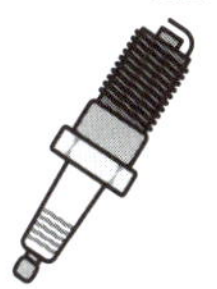

また、高温で高圧というひどく厳しい環境下でも耐熱性・耐久性にすぐれているから自動車の点火プラグに使われているんだね。安定性が高いので、白金との合金はかつてメートルやキログラムの原器に使われていたことがあったんだって。

78

Pt

白金
Platinum

固体

10族
6周期

◉陽子数：78
◉金属分類：金属元素
◉発見年：不明
◉発見者：不明
◉元素命名の由来：スペイン語「小さな銀（platina）」より。

白金といえば別名がプラチナだ。だから、プラチナの指輪やネックレスなどの宝飾品が思い浮かぶかも。そんな白金は、もちろん天然の金属元素で希少性の高い物質だね。それにこの白金は、高温にさらされても酸に触れても腐食しない特性があるんだ。安定性が高いから、イリジウムの項でも記したように、その合金はかつてメートルやキログラムの原器に使われていた。

工業的には自動車の排ガス触媒としての需要が高いというよ。白金が炭化水素と一酸化炭素の有害物質を浄化するからだ。ほかにもハードディスクドライブや医療器具などに使われているし、燃料電池車（FCV）に使う燃料電池の触媒としても期待されているんだね。

79

Au

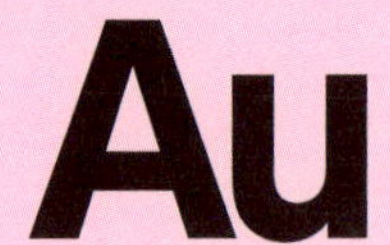

固体

11族

6周期

金

Gold

◉**陽　子　数**：79

◉**金属分類**：金属元素

◉**発　見　年**：不明

◉**発　見　者**：不明

◉**元素命名の由来**：ラテン語「太陽の輝き（Aurum）」より。

金は古代から装飾品としても財産としても重視されてきた物質だね。天然では黄金色に輝く唯一の金属だから、まさに名前どおり「太陽の輝き」として憧れたのかもしれない。

金の特長は①サビない、②すぐれた展延性、③熱と電気の伝導性が高い、④異なる化学物質には反応しないなどが挙げられる。つまり「純金は腐食せずサビない（王水には溶解）」「すぐれた展延性は加工のしやすさなので金箔にもなるし金線になる」「電熱の伝導率が高いので電子機器やコンピュータの回路に利用される」「他の化学物質に反応しないので酸化しない」などだね。でも、なんといっても実物資産価値の高いのが魅力だからゴールドラッシュが歴史を騒がしてきたんだね。

80

Hg

液体

12族

6周期

水銀

Mercury

◉**陽　子　数**：80

◉**金属分類**：金属元素

◉**発　見　年**：不明

◉**発　見　者**：不明

◉**元素命名の由来**：ローマ神話商いの神「メルクリウス（Mercurius）」より。

水銀も古くから使われてきたけど、金属としては唯一液体だ。奈良の大仏のメッキ材料だったんだ。大量の水銀の中に金を溶かして大仏に塗り、それを火であぶって水銀を蒸発させると金メッキになるというよ。また、古い中国では不老不死の霊薬にもなった。もちろん、こんなものを服用すれば中毒と死が待っていたけれどね※。

水銀には金属水銀、無機水銀、有機水銀がある。金属水銀は体温計や蛍光灯など、無機水銀は顔料や電池など、有機水銀は第二次世界大戦前に農薬に使われていたことがあったんだって。でも、メチル水銀（有機水銀）による水俣病の発生もあって、毒性が危険視されたことで使用が減っているというよ。

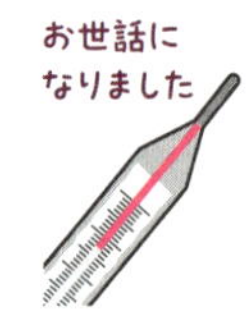

※『眠れなくなるほど面白い 図解 化学の話』128p参照

81

Tl

タリウム
Thallium

固体

13族
6周期

◉陽子数：81
◉金属分類：金属元素
◉発見年：1861年
◉発見者：クルックス（イングランド）
ラミー（フランス）
◉元素命名の由来：ギリシャ語「緑の小枝（thallos）」より。

タリウムはクルックスが1861年に発見したけど、同じころにラミーも発見したという。そのためにイングランドではクルックスが、フランスではラミーが発見者とされているらしい。名誉を争ったんだね。

さて、このタリウム、銀白色の金属でやわらかく、毒性が強い。だから、人にも危険ということで、いまは使われていないけど、かつてはネズミや虫などの殺鼠剤や殺虫剤として使われていたというよ。

また、水銀との合金（アマルガム）は極低温でも液体を保持できるので、寒冷地での温度計として利用されているそうだ。ほかにも放射性同位体のタリウムは、心筋血流シンチグラフィの検査注射薬になっているんだって。

82

Pb

鉛
Lead

固体

14族
6周期

◉陽子数：82
◉金属分類：金属元素
◉発見年：不明
◉発見者：不明
◉元素命名の由来：ラテン語「鉛（Plumbum）」より。

鉛もおなじみの金属だ。本来は青みがかった銀色をしているけど、空気に触れて酸化すると、くすんだ鈍い色になる。「鉛色」と呼ばれる色だね。鉛はやわらかいので薄くしたものであれば手で曲げたりできるよ。

はるか昔から人が利用してきた鉛だけど、実は毒性があるんだ。その毒性を知ってか知らでか化粧や薬として使われていた。江戸時代では白粉（おしろい）に鉛が入っていたため鉛中毒を起こしたというね。

なけりゃ
動かない

鉛はX線を通さない性質があるから、鉛を混ぜた放射線遮蔽用ガラスはレントゲンなどを扱う技師の放射線被曝を軽減するために使われているんだ。ほかにもバッテリーや釣りのおもりなどに利用されているよ。

83	固体	15族 / 6周期
Bi	◉陽子数：83	
ビスマス Bismuth	◉金属分類：金属元素	
	◉発見年：1753年	
	◉発見者：ジョフロア（フランス）	
	◉元素命名の由来：ラテン語「溶ける（bisemutum）」より。	

ビスマスは鉛に似ている金属で、古くから知られていた。ところが、実際には長い間、スズやアンチモン、亜鉛などと混同されていたそうだ。単体の金属だと判明したのは18世紀半ばになってからだね。

ビスマスは赤みがかった銀白色でもろくてやわらかい。電気や熱の伝導性は高くないけど、溶けて液体になる融点は低いというよ。毒性がないというから安心だね。

用途としては、ビスマス合金が鉛レスのはんだの材料や鉛の替わりとして釣り用のおもり、散弾銃の弾、ガラスの材料にもなるらしい。また、鉱物はしばしば医薬の材料となるけど、ビスマス（次硝酸ビスマス）も胃潰瘍などの消化管潰瘍の薬になるんだって。

胃潰瘍治癒？

84	固体	16族 / 6周期
Po	◉陽子数：84	
ポロニウム Polonium	◉金属分類：金属元素	
	◉発見年：1898年	
	◉発見者：キュリー夫妻（フランス）	
	◉元素命名の由来：キュリー夫人の祖国「ポーランド（Poland）」より。	

ポロニウムはラジウムと一緒に、あのキュリー夫妻が発見した元素として有名だよ。だけど、放射性の元素で強力な毒性があるからとても危険だ。危険な物質だから使い道はあまりないようだけど、ポロニウムの出す熱を利用した原子力電池があるんだね。

原子力電池（別名アイソトープ電池など）は1970年代から宇宙探査機や人工衛星、ペースメーカなどで利用してきた古い技術だ。プルトニウムやポロニウム、ストロンチウムの放射性同位体が使われ、寿命100年以上という利点があったのに、事故の際の放射能被害が怖いからとそんなに普及しなかったらしい。でも、いまではリチウムイオン電池の後継電池として注目されているというよ。

古電池から
新電池へ

85 **At** アスタチン Astatine	固体 17族 6周期 ◉陽子数：85 ◉金属分類：非金属元素/人工元素 ◉発見年：1940年 ◉発見者：コーソン（アメリカ）、セグレ（イタリア）マッケンジー（アメリカ） ◉元素命名の由来：ギリシャ語「不安定（astatos）」より。

アスタチンは黒色か銀色の物質で、金属と非金属の中間的性質を持つというよ。固体から液体の状況を経ずしてストレートに気体になり、気体から直に個体になるという昇華性があるそうだ。放射性元素で天然に存在はするけど寿命が短い。アスタチンは8時間ほどで半減して異なる元素に変わってしまうから人工的に生成されるらしい。そのため工業的な利用はムリなようで研究以外に用途はないというね。

そんなアスタチンにも医療用の期待があるよ。細胞を破壊する高エネルギーのα線を出すのでがん細胞を殺すのに利用できるかもしれないんだね。でも、それには「運び屋」が必要だからとその研究を進めているそうだよ。

86 **Rn** ラドン Radon	気体 18族 6周期 貴ガス ◉陽子数：86 ◉金属分類：非金属元素 ◉発見年：1900年 ◉発見者：ドルン（ドイツ） ◉元素命名の由来：元素「ラジウム（Radium）」より。

ラドンは1898年にキュリー夫妻がラジウムに触れた空気は放射性を持つことを明らかにした2年後に、ドルンが「放射性の気体はラジウムの崩壊で発生するラドン」だと確認した元素だ。ラドンの性質は無味無臭で無色の貴ガスの気体だそうだ。だから、そんな気体が身の回りに流れていても人は知覚できないんだね。

かつてはがん治療などに使われていたラドンも、いまでは同じ放射性同位体のコバルトやストロンチウムがその役割を担っているんだって。また、ラドンといえば「ラドン温泉」が知られているけど、実は放射線が健康によい（ホルミスシ効果仮説）という一種の信仰かもしれないというね。

5人がノーベル賞、キュリー夫妻一族

キュリー夫妻といえば、誰もが知っている化学&物理学者だの。妻はマリ（1867～1934年）、夫はピエール（1859～1906年）。2人はその功績で1903年にノーベル物理学賞を受賞したし、マリはさらに1911年ノーベル化学賞も受賞しているな。

研究成果への道は、まずフランスの物理学者アンリ・ベクレルが発見したウラン塩が放つX線類似の透過光線（放射線）に着目したことからはじまった。やがて透過光線はエネルギー源に頼らず、ウランそのものが放射発光することを明らかにした。さらにサンプルの放射発光現象が外的要因に左右されず、ウランの含有量で変わること、しかもそれが原子によることも明示した。追試のトリウムでも同じような放射を確認したことで、マリは放射を「放射能」と呼び、そんな放射が生じる元素を「放射性元素」と命名したわけだの。

マリとピエールの研究はなおも突き進み、ピッチブレンド（閃ウラン鉱）に含まれるウランの量から予想以上に強い放射線が放出されることを発見。その物質を分離して、1898年4月にウランより強力な放射能を持つ新元素の生成に成功。元素名を「ポロニウム」（原子番号84）とした。ポロニウムはマリの祖国ポーランドに敬意を表した名前だというぞ。

2人は実験を繰り返し、同年7月、ピッチブレンドから一段と強烈な放射能を発する物質を見つけ出し、ラテン語で放射能にちなむ「ラジウム」（原子番号88）と名付けた（ラジウムが崩壊すると原子番号86のラドンが発生することを確認したのは、ドイツの物理学者フリードリヒ・エルンスト・ドルン）。しかも、キュリー夫妻はラジウム精製法の特許を申請せず一般に公開した。誰にもできることじゃないの。だから、多くの科学者が自由にラジウムを研究用に精製できるようになった。彼女は特許を取得しなかった訳を「人生最大の報酬とは、知的活動そのもの」だからとの言葉を残しているぞ。ノーベル物理学賞はそんな2人の研究成果を讃えて授与されたわけだ。このときには放射線の発見者べクレルも同時に受賞しているの。

だが、運命とは非情。ピエールは1906年4月19日、通りを横断中に通りかかった荷馬車に轢かれて亡くなったのだ。荷馬車を避けられなかったのは足を滑らせたからだといわれたが、実はピエールは重度のリューマチを患っていた。そのためもあって避けられなかった、いや実験で浴びた放射線のせいだ、ともいわれたらしい。まだ46歳、死ぬには惜しい若さだったがなあ。

マリはそんな悲劇に心身ともに不調をきたしたが、やがて研究生活に戻る。そして1911年、「ラジウムとポロニウムの発見。ラジウムの性質とその化合物の研究」の功績によりノーベル化学賞を受賞した。マリは女性として初のノーベル受賞者であり、かつ初めて2度受賞した偉才であった。

そんなマリも1934年7月4日夜明け前、フランス東部サンセルモスで亡くなった。66歳だった。死因は長年にわたる放射線被曝による再生不良性貧血によるものといわれている。

彼女の才能は娘にも引き継がれたの。長女のイレーヌ・ジョリオ＝キュリー（1897～1956年）は夫のフレデリック・ジョリオ（1900～1958年）とともに「人工放射性元素の研究」で、1935年にノーベル化学賞を受賞した。次女のエーブ・キュリー（1904～2007年）はマリが亡くなるまで付き添い、その後『キュリー夫人』『戦塵の旅』などを著した。しかも、夫のヘンリー・ラブイスJr.（1904～1987年）がユニセフ事務局長時代の1965年、ユニセフはノーベル平和賞を受賞している。なんとも「ノーベル賞と親和性の強い元素」そのものがキュリー一家だったというわけだ。

ピエール・キュリー

イレーヌ・ジョリオ＝キュリー

マリ・キュリー

写真は1903年ノーベル物理学賞受賞したころ。生誕時の名はマリア・サロメア・スクウォドフスカ（ポーランド語）。フランス語名ではマリ・キュリー。日本ではマリーとも呼ばれる。

87

Fr

フランシウム
Francium

固体

1族
7周期

◉陽子数：87
◉金属分類：金属元素
◉発見年：1939年
◉発見者：ペレー（フランス）
◉元素命名の由来：ペレーの祖国「フランス（France）」より。

フランシウムは天然で最後に見つかったアルカリ金属元素だね。すごく存在量の少ない放射性元素で、化学的性質は同じ1族で1つ上のセシウム（原子番号55）に似ているというよ。フランシウムはアクチニウム（89）が崩壊して生成する元素だそうだ。ただし、安定同位体がないうえに半減期がほぼ22分で、あっという間に壊れてしまう。天然で存在の確認されている元素としてはいちばん寿命の短い、いわば「超短命元素」だ。

超短命なので化学的にも物理的にも性質がよくわからないらしい。だから、何に使っていいのかほとんど不明だというね。ただ、この元素、1870年に周期表で存在が予言されていたという。化学の理論ってすごいね。

あっ!?
という間に
消える僕

88

Ra

ラジウム
Radium

固体

2族
7周期

◉陽子数：88
◉金属分類：金属元素
◉発見年：1898年
◉発見者：キュリー夫妻（フランス）
◉元素命名の由来：ラテン語「放射線（radius）」より。

キュリー夫妻がポロニウムと一緒に発見した元素がラジウムで、放射性同位体だね。ポロニウムは原子力電池として利用されたけど、ラジウムは暗所で光る特性を生かして、かつては夜光塗料として時計の文字盤などに使われていたそうだよ。

ラジウムはウラン鉱石から新元素として分離されたけど、すでに説明したようにラジウムが崩壊してラドンが発生するんだ。いまはベクレルが放射能の単位になっているけど、以前にはラジウムの放射能をもとにキュリーが単位とされていた。もちろん、この単位はキュリー夫妻にちなんでいる。でも、キュリー夫人は長い研究生活でラジウムの放射線を浴び、再生不良性貧血で亡くなったんだね。

昔は
出番が
あったのに

89

Ac

アクチニウム

Actinium

固体

3族
7周期

◉陽 子 数：89
◉金属分類：金属元素
◉発 見 年：1899年
◉発 見 者：ドビエルヌ（フランス）
◉元素命名の由来：ギリシャ語「放射線&光線（aktis）」より。

アクチニウムはアクチノイドの仲間の金属元素だ。原子番号89のアクチニウムから103のローレンシウムはよく似た性質を持つ遷移元素で、みんな3族だね。キュリー夫妻がポロニウムとラジウムをウラン鉱から分離したあとの閃ウラン鉱（ピッチブレンド）から、ドビエルヌが強力な放射性を持つ元素のアクチニウムを発見した。ドビエルヌはキュリー夫妻の友人なんだって。

アクチニウムは銀白色の金属で、放射能はラジウムの150倍らしい。天然ではやっぱり存在量は少ないし、放射能も強烈だから研究用になっているけど、アクチニウムのα線はがん細胞を破壊するからと膵がん治療の研究に供されているというよ。

膵がんと闘うぞ！
がん細胞

90

Th

トリウム

Thorium

固体

3族
7周期

◉陽 子 数：90
◉金属分類：金属元素
◉発 見 年：1828年
◉発 見 者：ベルセーリウス（スウェーデン）
◉元素命名の由来：北欧神話の雷神「トール（Thor）」より。

トリウムは銀白色のやわらかい物質で、弾性限界を超えて延びても壊れない高い延性を持つ金属だというよ。アクチニウムと同じくアクチノイドの種類で、天然の放射性金属元素だね。同位体は27種あるけどみんな放射性同位体だって。だけど、安定同位体はないというね。

ところで、同位体のトリウム232が放射性崩壊していくと最終的に核燃料のウラン233になるそうだ。ウランより資源が豊富で廃棄物処分も比較的容易ということで、トリウムを使った原子炉が注目されているらしいよ。

また、二酸化トリウム化合物は融点が高く熱にも強いので金属溶解の耐熱容器るつぼ（坩堝）の材料になっているんだって。

原子炉の注目核燃料？

91

Pa

プロトアクチニウム

Protactinium

固体

3族
7周期

◉陽　子　数：91
◉金属分類：金属元素
◉発　見　年：1918年
◉発　見　者：ハーン（ドイツ）、マイトナー（オーストリア）ソディ、クランストン（2人ともイングランド）
◉元素命名の由来：ギリシャ語「（アクチニウムの）前（protos）」を付す。

プロトアクチニウムが崩壊するとアクチニウムに変わることから、「前」という名が付けられたんだね。もちろん、アクチノイドの仲間で3族の放射性元素だ。この元素も安定同位体はなく、同位体はみんな放射性だよ。

空気に触れるとゆっくり酸化するというね。銀白色をしているけど、酸素に反応すると表面が曇るそうだ。それにしてもメンデレーエフが1871年に91番元素として存在や性質を予言していたというからびっくりだ。

また、プロトアクチニウムは天然での資源量は少ないうえに毒性が強いためにほとんど用途がない。だけど、海底沈殿層の年代測定に利用されているらしい。ただ、おおむね研究用になっているというけどね。

92

U

ウラン

Uranium

固体

3族
7周期

◉陽　子　数：92
◉金属分類：金属元素
◉発　見　年：1789年
◉発　見　者：クラプロート（ドイツ）
◉元素命名の由来：1781年発見の「天王星（Uranus）」より。

ウランといえば放射性の毒性と重金属性の毒性を持つ元素だから取扱注意だ。膨大なエネルギーはウランの原子核に中性子をぶつけたときに核分裂が起きて発生するというよ。そのエネルギーを制御して利用するのが原子力発電で、核分裂を兵器に利用したのが核爆弾。それにウランは地球で天然に存在している物質としては原子番号が92でいちばん大きい元素だね。93以降はみんな人工元素だ。

ウランは蛍光材としても利用されてきた。19世紀半ばに微量のウランを着色剤として混ぜたウランガラスは美しい蛍光の緑色となり、いまでも人気があるらしいね。もちろん、カラダには無害の放射能量だよ。

核爆弾
大反対!!!

93

Np

ネプツニウム
Neptunium

固体

3族
7周期

◉陽子数：93
◉金属分類：金属元素/人工元素
◉発見年：1940年
◉発見者：マクミラン、アベルソン
(2人ともアメリカ)
◉元素命名の由来：1846年発見の「海王星(Neptune)」より。

原子番号93のネプツニウムから、現在確認されている118のオガネソンまでは人工元素だ。これらは「超ウラン元素」といって、原子炉や粒子加速器でつくられたものだね。ネプツニウムは超ウラン元素の中でもいちばん軽く、銀白色の金属らしい。それに展延性にも富んでいるんだね。人工放射性元素だけど、ネプツニウムとプルトニウムはごく微量ながら天然に存在しているというよ。

用途としては、ネプツニウムはプルトニウム製造の際に利用されるそうだ。ウラン238に中性子を照射するとウラン239になり、それが放射性崩壊するとネプツニウム239になり、それがまた放射性崩壊するとプルトニウム239になるんだって。

人工元素の超ウラン元素

94

Pu

プルトニウム
Plutonium

固体

3族
7周期

◉陽子数：94
◉金属分類：金属元素/人工元素
◉発見年：1940年
◉発見者：シーボーグ、ケネディ、ワール
(3人ともアメリカ)
◉元素命名の由来：1930年発見の「冥王星(Pluto)」より。

プルトニウムは銀白色をしている金属だけど、空気に触れて酸化すると黄褐色になるそうだ。酸素と簡単に反応して酸化プルトニウムに、炭素と反応すると炭化プルトニウムに、窒素と反応して窒化プルトニウムなどになるというよ。

ネプツニウムの項で触れたようにネプツニウム239が放射線を出すことでプルトニウム239が生成されるけど、この物質は核分裂するから原子力発電の核燃料として利用される。また、ポロニウムやストロンチウムとともに原子力電池の素材となり、宇宙探査機や人工衛星などに使われているんだね。だけど、核爆弾にも使われるから厄介な人工元素といえるかも。

原子力発電の核燃料だ

95

アメリシウム
Americium

固体

3族
7周期

◉陽　子　数：95
◉金属分類：金属元素/人工元素
◉発　見　年：1945年
◉発　見　者：シーボーグ、ジェームズ、モーガン
ギオルソ（4人ともアメリカ）
◉元素命名の由来：アメリカ大陸発見にちなむ「アメリカ（America）」より。

1940年、人工元素ネプツニウムの発見から続々と新たな人工元素が発見されていくんだね。その3番目がアメリシウム。この元素は銀白色の放射性の金属元素だ。空気の中に置くと白く曇るというよ。展延性があるけど安定同位体はないらしい。原子炉の中のプルトニウムに中性子を照射するとその過程でアメリシウムができるんだね。ネムツニウム、プルトニウム、キュリウムに次いで4番目に発見された超ウラン元素だって。

煙感知器のセンサー、厚さ計測器などが用途だね。日本では高レベル放射性廃棄物はガラスと一緒に融解して固化し、青森県六ヶ所村の放射性廃棄物貯蔵管理センターで保管。最終的に地中深部に埋設するそうだよ。

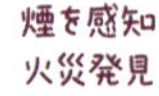

96

Cm

キュリウム
Curium

固体

3族
7周期

◉陽　子　数：96
◉金属分類：金属元素/人工元素
◉発　見　年：1944年
◉発　見　者：シーボーグ、ジェームズ、ギオルソ
（3人ともアメリカ））
◉元素命名の由来：放射能研究のキュリー夫妻を顕彰して。

キュリウムはアメリシウムに中性子を照射して人工的につくられるんだね。キュリウムも銀白色の金属で超ウラン元素だけど、同位体は19種類発見されている。でも、安定同位体はなく、すべてが放射性だそうだ。だから、アメリシウムと同じで、高レベル放射性廃棄物はガラス固体化し、放射性廃棄物貯蔵管理センターで保管したあと、最終的に地中深部に埋設するんだね。これは高レベルの放射性廃棄物が発生するネプツニウム、プルトニウムなども一緒らしい。

用途としては、以前には原子力電池に利用されていたけど、いまではプルトニウムがその役割を担っているんだって。そのため現状では研究用のみに扱われているらしいね。

見捨てられた
原子力電池
トホホ・・・

97

Bk

固体

3族
7周期

◉陽子数：97
◉金属分類：金属元素/人工元素
◉発見年：1949年
◉発見者：シーボーグ、ギオルソ、トンプソン（3人ともアメリカ）
◉元素命名の由来：カリフォルニア大学バークレー校のある町バークレーより。

バークリウム
Berkelium

アメリカのカリフォルニア大学バークレー校の所在地が名前の由来だね。実は原子番号93ネプツニウムから106シーボーギウムまでの元素はカリフォルニア大学の研究者たちが発見したんだよ。

バークリウムはアクチノイドの仲間の3族で、超ウラン元素の1つ。アメリシウムにヘリウムを照射して生成した人工元素で銀白色の金属だ。高温で簡単に酸化すると思われているけど、性質は実際のところよくわからないらしい。

安定同位体は存在せず、強力な放射性を持つ。ところがこの元素、あまりにも放射線が強力なのでとても危険だそうだ。だから、研究に供される以外に用途はないというね。

性質が何か
わからない！

98

固体

3族
7周期

◉陽子数：98
◉金属分類：金属元素/人工元素
◉発見年：1950年
◉発見者：シーボーグ、ギオルソ、トンプソンストリート（4人ともアメリカ））
◉元素命名の由来：カリフォルニア大学のあるカリフォルニア州より。

カリホルニウム
Californium

カリホルニウムもアクチノイドの仲間で3属、超ウラン元素だね。20種類の同位体が発見されてすべてが放射性だけど、安定同位体は存在しないし、バークリウムと同じで性質はよくわかっていないというね。

1950年カリフォルニア大学研究チームがキュリウムにα粒子を照射してカリホルニウムを発見したそうだ。日本でも1973年に日本原子力研究所がカリホルニウムの合成と検出に成功と発表したんだって。これはアメリシウムに中性子を吸収させた物質から検出する方法らしいね。

非破壊検査などに使われるらしいけど、SFの「宇宙戦艦ヤマト」などではカリホルニウム核爆弾として登場しているというよ。

SFで
核爆弾になる

99

Es

アインスタイニウム
Einsteinium

固体

3族
7周期

◉**陽子数**：99
◉**金属分類**：金属元素／人工元素
◉**発見年**：1952年
◉**発見者**：シーボーグ、ギオルソ、トンプソンほか（ともにアメリカ）、ハーベー（イングランド）
◉**元素命名の由来**：ドイツの物理学者アルベルト・アインシュタインを顕彰して。

アインスタイニウムの発見には政治的な隠蔽があったんだ。1954年、アメリカは原子炉でこの元素を発見と発表したけど、実際には1952年の水爆実験で生じた原子雲から見つかっていた。軍事機密だったから事実を隠し、1955年になって、ようやく「実は〜」と公表されたんだね。

アインスタイニウムには19種類の同位体と3種類の核異性体が見つかっているというけど、みんな人工放射性元素だ。磁性を持つやわらかい金属で、超ウラン元素としては7番目に置かれているんだって。

この元素の生成は少量ということもあって、現状では実用的な用途はないそうだ。だから、基礎科学の研究に使われているんだね。

用途は
不明のままだ

100

Fm

フェルミウム
Fermium

固体

3族
7周期

◉**陽子数**：100
◉**金属分類**：金属元素／人工元素
◉**発見年**：1952年
◉**発見者**：シーボーグ、ギオルソ、トンプソンほか（ともにアメリカ）
◉**元素命名の由来**：イタリアの物理学者エンリコ・フェルミを顕彰して。

フェルミウムも1952年のアメリカの水爆実験による放射性降下物の塵から発見された元素だね。アインスタイニウムと同じく軍事機密として1955年まで明らかにされなかった。アクチノイドの仲間で3族。19種類の同位体が見つかっているけど、みんな人工放射性元素で、強い毒性があるよ。

名前の由来となったイタリア人の物理学者エンリコ・フェルミは、1938年にノーベル物理学賞を受賞している。原子爆弾開発を推進した「マンハッタン計画」に参加。世界で初めて原子炉運転に成功し、「原子爆弾の建設者」と呼ばれた。のちにエネルギーの開発・生産などの貢献者を表彰する「エンリコ・フェルミ賞」が創設されたんだね。

原子炉運転に
初成功！

101 Md メンデレビウム Mendelevium

固体　3族　7周期

- ◉陽子数：101
- ◉金属分類：金属元素/人工元素
- ◉発見年：1955年
- ◉発見者：シーボーグ、ギオルソ、トンプソン、ショパン（4人ともアメリカ）、ハーベー（イングランド）
- ◉元素命名の由来：ロシアの化学者ドミトリ・メンデレーエフを顕彰して。

メンデレビウムは9番目の超ウラン元素だ。超ウラン元素は1940年にアメリカのマクミランやシーボーグらによって発見された。原子番号93のネプツニウムから103のローレンシウムまでがいまのところ発見されている超ウラン元素だね。みんなアクチノイドの仲間で3族。同位体は17種類と核異性体が5種類知られていて、すべて粒子加速器で生成した人工放射性同位体だ。だけど、安定した同位体は存在していないというよ。

アインスタイニウムに放射線を照射して発見されたというけど、すぐに崩壊してしまうらしい。だから、物理的にも化学的にも性質はよくわかっていないというね。基礎的な研究以外に用途はなく、生産も少量なんだって。

102 No ノーベリウム Nobelium

固体　3族　7周期

- ◉陽子数：102
- ◉金属分類：金属元素/人工元素
- ◉発見年：1958年
- ◉発見者：シーボーグ、ギオルソほか（ともにアメリカ）
- ◉元素命名の由来：スウェーデンの化学者アルフレッド・ノーベルを顕彰して。

ノーベリウムはダイナマイトを発明し、遺言によってノーベル賞の創設を導いたアルフレッド・ノーベルにちなんでいる。

実はノーベリウムの発見には騒動があるんだね。1957年にスウェーデンのノーベル研究所が新元素を合成したと主張し、ノーベリウムと名付けた。追試によってその方法ではノーベリウムが生成されないとされ、カリフォルニア大学チームが1958年に別の方法で生成に成功した。名前はそのまま残した、といういきさつだそうだよ。

ノーベリウムは10番目の超ウラン元素で、同位体は放射性で12種類。化学的性質は未解明だけど、多量に生成できるそうで、研究用に使われるというよ。

COLUMN❻

夢のお告げで「周期表」ができた？

「元素」といえば、まずもって「周期表」が頭に浮かびます。元素を発見してもどう整理してよいのかわからず化学者たちは悶々(もんもん)としていました。そこに「これよ、これ！」と整理方法を示したのがドミトリ・イヴァーノヴィチ・メンデレーエフ。1834年1月27日ロシアは西シベリアのトボリスクに生まれ、1907年1月20日に亡くなった化学・物理学者です。

メンデレーエフはサンクトペテルブルグの高等師範学校を卒業し、1855年クリミアの中等学校での博物学の教師などを経て、1864年サンクトペテルブルグ高等技術専門学校で化学の教授、1865年にサンクトペテルブルグ大学の技術化学の教授として教鞭を取っています。その間にドイツの都市ヘイデルベルクで「気体の密度」の研究をしたり、ロシアに戻って「元素の性質と原子量の関係」について発表するなど、後年の「周期表」へとつながる道を歩みはじめています。

メンデレーエフ
（1897年撮影）

ところで、1800年代半ばまでに化学者などの努力で多くの元素が発見されていました。はるか紀元前から使われていた鉄や銅、金銀など10種類の物質を除くと、ヒ素（1200年代）やリン（1669年）、水素（1766年）に酸素（1771年）、窒素（1772年）、ケイ素（1824年）、アルミニウム（1825年）、臭素（1825年）など63種類ほどの元素が明らかになっていたのです。

元素がたくさん見つかるのは喜ばしいのですが、ここで化学者たちはハタと困った。ランダムに元素を置いておくのではなく、「なんとか整理したい、だけどどうすれば？」と悩んだわけです。その1つの解が元素の「原子量」を測ることでした。そうして元素を原子量の順に並べていくと8番目ごとに似た性質の元素が現れた。気付いたのはイギリスの化学者ジョン・ニューランズで1865年のこと。これは音階にとても似ているということで「オクターブの法則」と名付けられました。ただし、この段階ではまったく認められなかった。それを納得させたのが、ドイツの化学者ロータル・マイヤーとメンデレーエフだったのです。ことにメンデレーエフは1869年に判明していた元素を原子量の順番に並べた「周期表」を発表し、その段階で当てはまる元素がない部分を空欄にしました。しかも、その空欄には「必ず未発見の元素」が入るはず、と予言したのです。

といっても、化学界はまだ半信半疑。その疑いの目を納得に一変させたのが、空欄に予言どおりに入ったガリウム（1875年発見）、スカンジウム（1879年）、ゲルマニウム（1886年）の発見でした。

実は数か月後にマイヤーも同じように「周期表」を作成していたのですが、メンデレーエフが予測した元素の質のほうがよかったため、周期表はメンデレーエフ単独の功績とされたわけです。

さて、偉大な発明や発見にはなぜか逸話がついてまわります。「周期表」発明でもそんな話が語られました。代表的なものが、1869年2月17日、メンデレーエフは「元素の整理法が必ずある」はずだ、とモヤモヤしつつ考えていたところ、フト眠りに落ちてしまった。でも、執念とはすごいもので、夢に元素が原子量の順番に並ぶ表が浮かんできた。ハッと目覚めたメンデレーエフは夢に浮かんだ表を紙に書き写した。それが「周期表」だったというのです。まぁ、日本でいう「正夢」ですね。ほかにもメンデレーエフの功績を顕彰して、1955年に発見された101番元素が「メンデレビウム」と名付けられたり、月のクレーターの名前になったり、ロシアのタタールスタン共和国の都市名が「メンデレーエフスク」と付けられたり、モスクワの地下鉄駅名が「メンデレーエフスカヤ」だったり、国後島に「メンデレーエフ空港」があったりと…偉人にあやかって名を付けるのは世界共通のようです。

Reihen	Gruppo I. — R^2O	Gruppo II. — RO	Gruppo III. — R^2O^3	Gruppo IV. RH^4 RO^2	Gruppo V. RH^3 R^2O^5	Gruppo VI. RH^2 RO^3	Gruppo VII. RH R^2O^7	Gruppo VIII. — RO^4
1	H=1							
2	Li=7	Be=9,4	B=11	C=12	N=14	O=16	F=19	
3	Na=23	Mg=24	Al=27,3	Si=28	P=31	S=32	Cl=35,5	
4	K=39	Ca=40	—=44	Ti=48	V=51	Cr=52	Mn=55	Fe=56, Co=59, Ni=59, Cu=63.
5	(Cu=63)	Zn=65	—=68	—=72	As=75	Se=78	Br=80	
6	Rb=85	Sr=87	?Yt=88	Zr=90	Nb=94	Mo=96	—=100	Ru=104, Rh=104, Pd=106, Ag=108.
7	(Ag=108)	Cd=112	In=113	Sn=118	Sb=122	Te=125	J=127	
8	Cs=133	Ba=137	?Di=138	?Ce=140	—	—	—	— — — —
9	(—)	—	—	—	—	—	—	
10	—	—	?Er=178	?La=180	Ta=182	W=184	—	Os=195, Ir=197, Pt=198, Au=199.
11	(Au=199)	Hg=200	Tl=204	Pb=207	Bi=208	—	—	
12	—	—	—	Th=231	—	U=240	—	— — — —

1871年当時の「周期表」。周期は現在の7周期ではなく12周期まである。また、2周期のリチウム（Li）の原子量が「？」になっていたり、まだ未発見の元素が棒線—になったりしている。

103

Lr

ローレンシウム
Lawrencium

固体

3族
7周期

◉陽子数：103
◉金属分類：金属元素/人工元素
◉発見年：1961年
◉発見者：ギオルソ、シッケランド、ラーシュ ラティマー(4人ともアメリカ)
◉元素命名の由来：アメリカの物理学者 アーネスト・ローレンスを顕彰して。

ローレンシウムはアクチノイドの仲間としては最後で3族だね。14種類の同位体が発見されているけど、みんな人工放射性元素だ。

この元素の発見や命名でも一波乱あった。ソ連（現ロシア）とアメリカの研究チームが新元素の発見は、われわれのチームが先だと主張して優先権を争った。当初、IUPAC（国際純正・応用化学連合）はアメリカチームを優先としてローレンシウムが元素名となったけど、1997年に撤回し、両方に発見の名誉が与えられた。名前はそのまま残ったというよ。ローレンシウムはアメリカのアーネスト・ローレンスが名称の由来だけど、彼は元素を合成するために必要な粒子加速器を発明し、実用化させた物理学者なんだね。

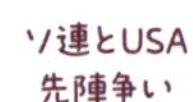

104

Rf

ラザホージウム
Rutherfordium

固体

4族
7周期

◉陽子数：104
◉金属分類：金属元素/人工元素
◉発見年：1969年
◉発見者：ギオルソほか（アメリカ）
◉元素命名の由来：イギリスの物理学者 アーネスト・ラザフォードを顕彰して。

ラザホージウムは4族に属すために遷移元素で、かつ超アクチノイド元素なんだって。同位体は15種類確認されているけど、やっぱりみんな人工放射性だ。天然には存在しないから研究室で人工合成されるんだね。

ところで、1960年代にこの元素でもソ連（現ロシア）とアメリカの研究チームが発見と命名の優先権を争った。冷戦時代だから互いに国の威信をかけていたのかも。1997年にIUPAC（国際純正・応用化学連合）が新元素の名称をアメリカチームが提案したラザホージウムと決定するまで争いは続いたというよ。

命名由来のアーネスト・ラザフォードはイギリスの物理学者で、原子核を発見するなど「核物理学の父」と称されているんだって。

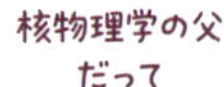

105
Db
ドブニウム
Dubnium

固体

5族
7周期

◉陽子数：105
◉金属分類：金属元素／人工元素
◉発見年：1970年
◉発見者：フレロフほか（ロシア）
ギオルソほか（アメリカ）
◉元素命名の由来：ロシアの研究所のある町ドゥブナより。

ドブニウムは5族の人工元素だ。5族にはバナジウム（原子番号23）・ニオブ（41）・タンタル（73）が周期表の上に位置しているよ。同位体は15種類発見されていて、みんな人工放射性元素だ。実用ではなく研究用だね。

しかしまぁ、この元素もソ連（現ロシア）とアメリカの研究チームが発見の先陣をめぐって争った。結局、1997年、IUPAC（国際純正・応用化学連合）が両チームの発見は同時だとし、ソ連の研究所があるドゥブナ町を由来とするドブニウムを元素名にした。だけど、両チームの生成の方法は異なるんだって。ソ連チームはアメリシウム原子核にネオンを照射し、アメリカチームはカリホルニウム原子核に窒素を照射して合成したというんだね。

ロシアと
USA
同時発見

106
Sg
シーボーギウム
Seaborgium

固体

6族
7周期

◉陽子数：106
◉金属分類：金属元素／人工元素
◉発見年：1974年
◉発見者：ギオルソほか（アメリカ）
◉元素命名の由来：アメリカの化学者
グレン・シーボーグを顕彰して。

シーボーギウムの同位体は13種類ですべて人工放射性元素だ。元素名はアメリカの化学者グレン・シーボーグにちなんでいる。彼は粒子加速器を使ってプルトニウム（原子番号94）からノーベリウム（102）までの計9元素の人工合成に貢献したほか、3族グループのアクチニウム（89）からローレンシウム（103）までを「アクチノイド元素」と命名した人物だ。その功績から生きている間に元素名になった初めての研究者だというよ。

シーボギウムもソ連（現ロシア）とアメリカの研究チームが発見と命名権をめぐって争った。だけど、1997年にIUPAC（国際純正・応用化学連合）が元素名をアメリカチームが主張するシーボギウムに決定したそうだよ。

シーボーギウム
発見者健在なのに
元素名

107

Bh

ボーリウム

Bohrium

固体

7族
7周期

◉陽子数：107
◉金属分類：金属元素/人工元素
◉発見年：1981年
◉発見者：アームブラスター、ミュンツェンベルクほか（ドイツ）
◉元素命名の由来：デンマークの物理学者ニールス・ボーアを顕彰して。

ボーリウムも天然には存在しない人工放射性元素だ。同位体は12種類発見されているというよ。アクチノイドの最後は原子番号103のローレンシウムだけど、それより原子番号の大きい元素のラザホージウム（104）からオガネソン（118）までを「超アクチノイド元素（超重元素）」というんだって。

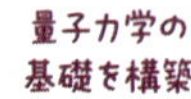

ボーリウムはドイツの重イオン研究所でビスマスにクロムを衝突させて生成に成功したんだ。ボーリウムも研究用だね。その後、ドイツの研究チームはつぎつぎと人工放射性元素を発見したというよ。

この新元素の名前はデンマークの物理学者ニールス・ボーアに由来しているそうだ。ボーアは量子力学の基礎を築いた人物だよ。

108

Hs

ハッシウム

Hassium

固体

8族
7周期

◉陽子数：108
◉金属分類：金属元素/人工元素
◉発見年：1984年
◉発見者：アームブラスター、ミュンツェンベルクほか（ドイツ）
◉元素命名の由来：ドイツ・ヘッセン州のラテン語名「ハッシア（Hassia）」より。

ハッシウムもドイツの重イオン研究所が生成に成功した新元素だ。鉛に鉄を衝突させてつくった超アクチノイド元素だというよ。同位体は15種類見つかっているけど、みんな人工放射性同位体で安定同位体は存在しないらしい。この元素も研究用だよ。

ハッシウムは常温常圧だと固体になるそうだ。性質は周期表で同じ8族の1つ上、オスミウムに似ているというね。2002年の実験で四酸化ハッシウムが合成されたけど、性質はやはり四酸化オスミウムに類似しているし、揮発性もあるんだって。

ハッシウムの名前は、重イオン研究所があるドイツ・ヘッセン州のラテン語名ハッシアにちなんでいるんだね。

109
Mt
マイトネリウム
Meitnerium

固体

9族
7周期

◉陽子数：109
◉金属分類：金属元素／人工元素
◉発見年：1982年
◉発見者：アームブラスター、ミュンツェンベルクほか（ドイツ）
◉元素命名の由来：オーストリアの物理学者リーゼ・マイトナーを顕彰して。

マイトネリウムは放射性がすごく強い人工元素だって。ビスマスに鉄を衝突させて生成したそうだ。もちろん、超アクチノイド元素だけど、生成に成功したのはアームブラスターやミュンツェンベルクらドイツの重イオン研究所だよ。

同位体は8種類確認されているけど、とても不安定らしい。性質は放射性がある以外、測定されていないそうだ。そのわけは生成が限定的で高価、かつ崩壊が速すぎるからというよ。まぁ、化学的性質はよくわかっていないんだね。だから、研究用にしか使われない。

名称由来になったリーゼ・マイトナーは核分裂の発見に貢献した人物。キュリー夫人に次いで女性名が元素の名になった2人目だよ。

キュリー夫人に次ぐ女性元素名

110
Ds
ダームスタチウム
Darmstadtium

固体

10族
7周期

◉陽子数：110
◉金属分類：金属元素／人工元素
◉発見年：1994年
◉発見者：アームブラスター、ホフマンほか（ドイツ）
◉元素命名の由来：ドイツの研究所在地「ダルムシュタット（Darmstadt）」より。

ダームスタチウムもすごく放射性の強烈な元素だね。超アクチノイド元素だけど、この仲間はみんな強い放射性を持っている元素だ。鉛にニッケルを衝突させて生成したというね。10種類の同位体が確認されているらしいけど、やっぱりみんな不安定だし、化学的性質もわかっていない。ただし、10族のニッケルやパラジウム、白金と似ていて、貴金属ではないかとの予測もあるらしい。

ダームスタチウムという名前は、ドイツの重イオン研究所のあるヘッセン州の都市ダルムシュタットにちなんでいる。でも、元素発見後に命名を争ってロシアとアメリカチームから別の名称が提示されたんだ。結局、元素名が決定したのは2003年だというよ。

名前でもめた元素なんだ

111

Rg

レントゲニウム
Roentgenium

固体

11族
7周期

◉陽子数：111
◉金属分類：金属元素/人工元素
◉発見年：1994年
◉発見者：アームブラスター、ホフマンほか（ドイツ）
◉元素命名の由来：ドイツの物理学者ヴィルヘルム・レントゲンを顕彰して。

レントゲニウムも放射性のものすごく強い人工元素だね。天然では存在しないから研究室で生成するそうだけど、ビスマスにニッケルを衝突させてつくるというよ。同位体は9種類報告されていて、そのうちの2種類は準安定性を持つんだって。

生成に成功したのは、またもアームブラスター、ホフマンらドイツの重イオン研究所チームだ。この時期のドイツの研究チームの活躍は目覚ましい。重イオン研究所は2004年、100年ほど前の1895年にX線を発見したドイツの物理学者ヴィルヘルム・レントゲンを称えた元素名としてIUPAC（国際純正・応用化学連合）にレントゲニウムを提案した。その結果、同年に提案通りに認定されたんだね。

レントゲンは
人の名前だよ

112

Cn

コペルニシウム
Copernicium

固体

12族
7周期

◉陽子数：112
◉金属分類：金属元素/人工元素
◉発見年：1996年
◉発見者：アームブラスター、ホフマンほか（ドイツ）
◉元素命名の由来：ポーランドの天文学者ニコラウス・コペルニクスより。

コペルニシウムもドイツの重イオン研究所チームが人工的に生成したんだね。研究室で鉛に亜鉛を衝突させて合成したというよ。1996年のことだ。もちろん、超アクチノイド元素だからとても高レベルの放射性を持つ。この元素も安定同位体はもちろん、天然で生成される同位体もない。実験で7種類の放射性同位体を確認したと報告されているだけらしいね。

元素名コペルニシウムには歴史的な感慨があるかも。宇宙は地球を中心として回る「天動説」が信じられていた時代に、「地動説」を唱え「世界の見方を変えた」先駆者としてのコペルニクスに敬意を払った元素名だったから。正式認定は2010年だそうだ。

地球こそ
回っているのだ！

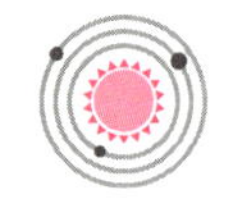

113

Nh

ニホニウム
Nihonium

固体

13族
7周期

◉陽子数：113
◉金属分類：金属元素／人工元素
◉発見年：2004年
◉発見者：森田浩介と理化学研究所チーム（日本）
◉元素命名の由来：発見国の日本名から。

ニホニウムは日本の研究チームが発見した原子番号113の新元素だ。森田浩介九州大学教授をリーダーとする理化学研究所超重元素研究グループが合成した。森田教授は九州大学の取材で「原子番号30の亜鉛を加速器でビーム加速させ、標的の原子番号83のビスマスに衝突させて合成に成功した」と語っているよ。新元素の発見と命名はアジアでは初めてだね。

「9年間で約4回衝突させた結果、合成の成功が3回となり、新元素として認定された」んだって。2003年に実験開始、2004年に合成を確認。2005年と2012年にも成功したから合計3回だ。2016年11月にIUPAC（国際純正・応用化学連合）が正式に認定したんだね。

114

Fl

フレロビウム
Flerovium

固体

14族
7周期

◉陽子数：114
◉金属分類：金属元素／人工元素
◉発見年：1999年
◉発見者：ロシアとアメリカの共同研究チーム
◉元素命名の由来：ロシアの物理学者ゲオルギー・フレロフを顕彰して。

フレロビウムは超アクチノイド元素で人工放射性元素だ。化学的性質を調べて判明している元素の中ではいちばん重いそうだよ。揮発性が高いのに、金属の性質も見られるというね。といっても、実際には化学的性質はよくわかっていないらしい。

フレロビウムは加速器でプルトニウムにカルシウムを衝突させて生成した元素だ。ロシアとアメリカの共同研究チームが実験に成功したんだね。

元素名は2012年にIUPAC（国際純正・応用化学連合）が認定したロシアチームの提案したフレロビウム。フレロビウムはソ連（現ロシア）の物理学者ゲオルギー・フレロフにちなむ。彼はソ連の核爆弾開発者だよ。

115

Mc

固体

15族
7周期

◉陽子数：115
◉金属分類：金属元素/人工元素
◉発見年：2003年
◉発見者：ロシアとアメリカの共同研究チーム
◉元素命名の由来：ロシアの研究所のあるモスクワ州より。

モスコビウム
Moscovium

モスコビウムの発見もロシアチームとアメリカチームの共同研究の成果だ。2003年にロシアのドゥブナ合同原子核研究所で両国の研究者チームによって初めて合成された。アメリシウムにカルシウムを衝突させて生成したそうだけど、モスコビウムがα粒子を放出して崩壊するとニホニウムが確認されたんだね。モスコビウムも超アクチノイド元素の仲間で15族元素ではもっとも重い。強烈な放射性を持つけど、化学的性質はまだはっきりわかっていないとのこと。

新元素の名前はロシアの原子核研究所のあるモスクワ州にちなんでいる。IUPAC（国際純正・応用化学連合）の正式承認は2016年だというよ。

モスクワが
元素名に

116

Lv

固体

16族
7周期

◉陽子数：116
◉金属分類：金属元素/人工元素
◉発見年：2000年
◉発見者：ロシアとアメリカの共同研究チーム
◉元素命名の由来：アメリカの研究所のあるカリフォルニア州リバモアより。

リバモリウム
Livermorium

リバモリウムも天然には存在しないから、研究室で合成された人工元素だね。キュリウムとカルシウムを衝突させて生成した強烈な放射性を持つ超アクチノイド元素の仲間で、16族ではもっとも重いというよ。

1999年、この元素の発見をカリフォルニア州のローレンス・バークレー国立研究所が公表した。だけど、その根拠が物理学者ヴィクトル・ニノフの捏造（ねつぞう）したデータに依っていたことがわかり、取り下げられた。その後、あらためてロシアとアメリカの共同研究チームが合成に成功したんだって。そんないきさつのあった元素だというよ。

元素名はカリフォルニア州にあるローレンス・リバモア国立研究所が由来だよ。

研究所が
元素名に

117

Ts

テネシン

Tennessine

固体

17族
7周期

◉陽子数：117
◉金属分類：金属元素/人工元素
◉発見年：2010年
◉発見者：ロシアとアメリカの共同研究チーム
◉元素命名の由来：アメリカの研究所のあるテネシー州より。

テネシンもロシアとアメリカの合同研究チームが合成に成功した人工放射性元素だ。2010年のこと。新元素合成のターゲットとなるバークリウムはおもにアメリカの研究チームによって得られていたから、それをニューヨークからモスクワまで空輸し、ロシアの研究チームに渡された。このバークリウムにカルシウムを衝突することでテネシンが生成されたというね。

新元素の名前はアメリカのオークリッジ国立研究所のあるテネシー州にちなんでテネシンと付けられた。末尾がそれまでの「ium」にならなかったのは、2016年にIUPAC（国際純正・応用化学連合）が17族元素名は「ine」とするよう勧告したからだそうだよ。

元素名末尾が変更

118

Og

オガネソン

Oganesson

固体

18族
7周期

◉陽子数：118
◉金属分類：金属元素/人工元素
◉発見年：2002年
◉発見者：ロシアとアメリカの共同研究チーム
◉元素命名の由来：ロシアの物理学者ユーリィ・オガネシアンを顕彰して。

オガネソンはカリホルニウムにカリウムを衝突させて合成した人工放射性元素だ。成功したのはロシアとアメリカの研究チームだね。オガネソンは周期表の7周期でも18族でも最後に位置する元素だよ。ほかの18族はみんな気体ということもあってか、この元素も初めは気体と思われていたけど固体と判断された。ところが、最近では液体ではないかとの説も有力になっているらしい。結局のところ正体は不明なんだけど、もし固体なら18族でも貴ガスじゃなくなるのかな。

元素名のオガネソンはロシアチームの物理学者ユーリィ・オガネシアンに由来している。彼は生存中に元素名になった2人目の人物だ。また、末尾が「ium」でないのは、18族に共通の「on」にしたからというよ。

元素名末尾がまた変更

監修者・著者紹介

野村義宏（のむら　よしひろ）

1962年宮城県河北町（現在、石巻市）生まれ。東京農工大学農学部農芸化学科卒業。同大学院農学研究科修了。同連合農学研究科（博士課程後期）修了。農学博士。東京農工大学農学部附属硬蛋白質利用研究施設助手、同大学准教授を経て、現在同大学農学部附属硬蛋白質利用研究施設教授。ファンクショナルフード学会理事長。趣味は読書。共著・監修に『眠れなくなるほど面白い　図解　老化の話』『眠れなくなるほど面白い　図解プレミアム　化学の話』（日本文芸社）がある。

澄田夢久（すみた　むく）

1948年北海道生まれ。出版社勤務のあと、2002年に編集事務所を設立し、編集・執筆に携わる。出版社勤務時代は、主に政治経済分野や社史の編集を手掛け、独立後は歴史をはじめ、健康、ノンフィクション分野の新書やMOOK、月刊誌の執筆や編集長を務める。著書に『眠れなくなるほど面白い　図解　三国志』『眠れなくなるほど面白い　図解プレミアム　化学の話』などがある。

編集／米田正基（エディテ100）
ブックデザイン・イラスト／室井明浩（studio EYE'S）

眠れなくなるほど面白い
図解　元素の話

2024年9月20日　第1刷発行

監修者　野村義宏
著　者　澄田夢久
発行者　竹村 響
印刷所　株式会社 光邦
製本所　株式会社 光邦
発行所　株式会社 日本文芸社
〒100-0003　東京都千代田区一ツ橋1-1-1　パレスサイドビル8F

Printed in Japan 112240909-112240909 Ⓝ 01 (300076)
ISBN978-4-537-22220-3
URL https://www.nihonbungeisha.co.jp/

（編集担当　坂）

乱丁・落丁などの不良品、内容に関するお問い合わせは、
小社ウェブサイトお問い合わせフォームまでお願いいたします。
ウェブサイト　https://www.nihonbungeisha.co.jp/